費爾阿本德
Paul K. Feyerabend

胡志強◎著

編輯委員：李英明　孟樊　陳學明　龍協濤
楊大春　曹順慶

出版緣起

　　二十世紀尤其是戰後，是西方思想界豐富多變的時期，標誌人類文明的進化發展，其對於我們應該具有相當程度的啓蒙作用；抓住當代西方思想的演變脈絡以及核心內容，應該是昂揚我們當代意識的重要工作。孟樊教授和浙江大學楊大春教授基於這樣的一種體認，決定企劃一套「當代大師系列」。

　　從一九八〇年代以來，台灣知識界相當努力地引介「近代」和「現代」的思想家，對於知識份子和一般民眾起了相當程度的啓蒙作用。

　　這套「當代大師系列」的企劃以及落實出版，承繼了先前知識界的努力基礎，希望能藉這一系列的入門性介紹書，再掀起知識

啓蒙的熱潮。

孟樊與楊大春兩位教授在一股知識熱忱
的驅動下，花了不少時間，熱忱謹慎地挑選
當代思想家，排列了出版的先後順序，並且
很快獲得揚智文化事業公司葉忠賢先生的支
持，因而能夠順利出版此系列叢書。

本系列叢書的作者網羅有兩岸學者專家
以及海內外華人，為華人學界的合作樹立了
典範。

此一系列書的企劃編輯原則如下：

1. 每書字數大約在七、八萬字左右，對
   每位思想家的思想進行有系統、分章
   節的評介。字數的限定主要是因為這
   套書是介紹性質的書，而且為了讓讀
   者能方便攜帶閱讀，提升我們社會的
   閱讀氣氛水準。

2. 這套書名為「當代大師系列」，其中所
   謂「大師」是指開創一代學派或具有
   承先啓後歷史意涵的思想家，以及思

想理論與創作具有相當獨特性且自成一格者。對於這些思想家的理論思想介紹，除了要符合其內在邏輯機制之外，更要透過我們的文字語言，化解語言和思考模式的隔閡，為我們的意識結構注入新的因素。

3.這套書之所以限定在「當代」重要的思想家，主要是從一九八○年代以來，台灣知識界已對近現代的思想家，如韋伯、尼采和馬克思等先後都有專書討論。而在限定「當代」範疇的同時，我們基本上是先挑台灣未做過的或做得不是很完整的思想家，做為我們優先撰稿出版的對象。

另外，本系列書的企劃編輯群，除了包括上述的孟樊教授、楊大春教授外，尚包括筆者本人、陳學明教授、龍協濤教授以及曹順慶教授等六位先生。其中孟樊教授為台灣大學法學博士，向來對文化學術有相當熱忱

的關懷，並且具有非常豐富的文化出版經驗
以及學術功力，著有《台灣文學輕批評》（揚
智文化公司出版）、《當代台灣新詩理論》
（揚智文化公司出版）、《大法官會議研究》
等著作，現任教於佛光人文社會學院文學
所；楊大春教授是浙江杭州大學哲學博士，
目前任教於浙江大學哲學系，專長西方當代
哲學，著有《解構理論》（揚智文化公司出
版）、《德希達》（生智文化事業出版）、《後
結構主義》（揚智文化公司出版）等書；筆者
本人目前任教於政治大學東亞所，著有《馬
克思社會衝突論》、《晚期馬克思主義》（揚
智文化公司出版）、《中國大陸學》（揚智文
化公司出版）、《中共研究方法論》（揚智文
化公司出版）等書；陳學明是復旦大學哲學
系教授、中國國外馬克思主義研究會副會
長，著有《現代資本主義的命運》、《哈貝瑪
斯「晚期資本主義論」述評》、《性革命》
（揚智文化公司出版）、《新左派》（揚智文化
公司出版）等書；龍協濤教授現任北京大學

學報編審及主任，並任北大中文系教授，專
長比較文學及接受美學理論，著有《讀者反
應理論》（揚智文化公司出版）等書；曹順慶
教授現為四川大學文學與新聞學院院長，專
長為比較文學及中西文論，曾為美國哈佛大
學訪問學人、南華大學及佛光人文社會學院
文學所客座教授，著有《中西比較詩學》等
書。

　　這套書的問世最重要的還是因為獲得生
智文化事業公司總經理葉忠賢先生的支持，
我們非常感謝他對思想啓蒙工作所作出的貢
獻。還望社會各界惠予批評指正。

李英明

序於台北

洪　序

　　作爲一個科學哲學家，也就是講究科學
方法論的學者，費爾阿本德是當代西方哲學
界的異類，也就是方法論、認識論中「永遠
的反對派分子」。雖然他至今已逝世多年，但
他作爲反對者的印象，卻仍遺留人間。原因
是他強調認識論的無政府主義，方法論的多
元主義，而反對科學理論定於一尊，反對經
驗主義者堅持一致性條件，反對「理論與事
實的一致」。

　　在科學史的案例中，不但理論與事實常
有出入，就是把理論與事實當成兩碼事，強
行二分化，也是不適當的。原因是經驗受到
理論的滲透，也就是感官、觀察受到理論的
指引，則感官的感受與觀察的結果，才會顯

示其意義。事實上，用來描述感受與觀察的
詞謂，並不來自經驗，而是來自於理論的脈
絡。他因此反駁了觀察所得的事實，具有優
先性，不認為事實獨立於理論的觀點之外。
因之，批判了單純收集事實的經驗主義和實
證主義，也抨擊研究歸納法之科學觀。

　　正因為觀察的詞謂（詞項），其詮釋取決
於其存在的理論脈絡（取決於用來解釋觀察
對象所使用的理論），那麼一旦理論有所轉
換，則先後兩種理論的演繹，在邏輯上便無
可能有關係、有干涉，也就是演繹的不相
交。這便是費爾阿本德引起學界爭論不休的
「不可共量性」之概念。

　　本書從討論費氏不可共量性的概念，闡
述他對柏波爾否證論的批判，進而評析費氏
對民主與政治所持相對主義看法，而歸結他
為一位懷有豐富懷疑精神的新派自由主義
者。

　　本書作者胡志強出身資訊科學，為一位
沉默務實、勤懇認真的青年學者。在台大三

研所（現易名為國家發展研究所）修習期
間，不但與我共同切磋，也擔任本人之研究
助理，對本人文稿之整理，研究之推行，書
文之出版，盡了相當的心力。如今其碩士論
文，榮獲生智文化公司之採納，即將出版成
書，實屬可喜可賀之盛事。因之，本人樂於
義務為其書撰寫小序，以示鼓勵。

洪鎌德　謹誌

二○○二年三月於台大研究室

自　序

　　這裡的字句，對於讀者而言也許無關緊要，卻是作者認為最重要的段落，也因此遲遲無法下筆。即便書稿已呈顯脫離作者後日漸陌生的距離感，心裡的感謝卻依然如昨，只無奈拙筆依舊。讀費爾阿本德（P. K. Feyerabend）到最後，有時眞覺如同他所說的：知識論、眞理等問題無足掛齒，生活情意才該是重心。而愈是如此體會，愈是覺得難以表達這本書所依賴的基礎。

　　首要感謝洪鎌德老師當初收留了我這個直至研究所才轉入社會科學領域的新手，在老師身邊，無論是修課、擔任研究助理，都覺得獲益良多。老師學識之淵博，尤其治學之謹之勤，都實令人感佩。謝謝老師對學生

的照顧、提攜，學生銘記於心。林正弘老師、莊文瑞老師在審閱這篇論文時，那種從頭到尾仔細斟酌推敲的精神，令人感動，謝謝他們許多精彩的提問與建議。

一起度過寫作生活的那群宿舍死黨，如今早已各奔四方，想念那段相處時月，尤其Poder、Morris無人及的搞笑神技，天南地北、古今中外無所不談的唬弄能力，委實顛覆我的白麵包生活型態。

對家人的「謝」，日常總難說出口。我的父親胡一誠先生，母親許秋女士，他們無怨尤的包容是我最珍貴的支持力量，從資訊工程轉入社會學，我知道他們忍下了質疑，不願意給我壓力。這本書若能夠有任何貢獻，當歸之於他們。同時也謝謝平一、平章、平治三位兄長的諸多照顧。

球球，這小冊子一再地拖延、難產，折騰了陪在旁邊的妳，有質疑、有對話、有鼓勵，認真地看待書中的每一字句。在事情完成時，我們同時地鬆了一口氣！想跟妳說：

謝謝，謝謝妳的相伴相行。

最後，要感謝生智文化公司大力襄助使本書得以出版，特別是本叢書編委孟樊先生。

胡志強

寫於夜岳崗

目　錄

費氏著作之縮寫

AM	1975	*Against Method* 1st ed.
AM3	1993	*Against Method* 3st ed.
AM3'	1996	*Against Method* 中文版
SFS	1978	*Science in a Free Society*
SFS'	1990	*Science in a Free Society* 中文版
PP1	1981	*Philosophical Papers*, vol. 1
PP2	1981	*Philosophical Papers*, vol. 2
PP3	1999	*Philosophical Papers*, vol. 3
FTR	1987	*Farewell to Reason*
TDK	1991	*Three Dialogues on Knowledge*
KT	1995	*Killing Time: The Autobiography of Paul Feyerabend*

緒　論

　　處於科學的時代，當我們說某種行爲、事業「不科學」的時候，那是一種嚴厲的譴責，甚至有時候「不科學」就同等於「迷信」。科學眞理所帶來的神聖基礎，代替了之前宗教提供的依賴、安全感的基礎。不科學，是一可怕的印記、髒字。以前筆者身處自然科學領域，常懷疑那一套強調實驗、稱頌科學中立與客觀的說法，也爲同儕之科學自大症深感困擾。

　　及至較爲熟悉社會科學界，才知「甚至魯莽的、革命的思想家也屈從於科學的判定。克魯泡特金（Peter Kropotkin）想打碎一切現存的機構，但他沒有觸犯科學。易卜生（Henrik Ibsen）激烈地批評資產階級社會，但他保留科學作爲眞理的尺度。李維史陀（Claude Lévi-Strauss）使我們認識到，西方思想並不像人們曾經認爲的那樣是人類成就的唯一頂峰，但他和他的信徒們卻將科學排除在這種意識形態的對比之外。馬克思和恩格斯（Friedrich Engels）相信，科學將會幫

助工人尋求思想解放和社會解放」（SFS: 75;
SFS＇: 97-98）。相反的，費爾阿本德❶（Paul
K. Feyerabend, 1924-1994）反對科學威權的
態度可以在他替占星術的辯護中表現出來。
他並非贊成、或喜愛占星術，而是不贊成那
些大名鼎鼎的科學家們，在尚未對占星術有
所瞭解、研究之前，就設定了反對的態度、
下達審判的結果。只因為占星術不科學，所
以應該禁止；只因為那違反教義（那是旁門
左道），所以應該責罰。教會審判都還有個程
序、法庭，科學家卻不用（僅需簽名）❷！

　　費氏力圖將社會擺脫於科學極權宰制之
外，把科學從其高高在上的神廟拉下來。科
學是諸多傳統的一種，西方理性主義也是各
種傳統之一，他們的優越性只能從他們自己
的標準來看。這對科學崇拜者是當頭棒喝。

　　然而，學界似乎有著看不到「反對方法」
的「典範」情結。

　　談到科學哲學、科學的圖像，從一九六
二年之後必會談到孔恩（Thomas Kuhn）及

其名著《科學革命的結構》(*The Structure of Scientific Revolutions*)。他的書已成為「典範」(paradigm)❸,他的理論也造成了科學哲學革命。此書一出,以前認為科學知識為累積、線性進步的邏輯經驗主義(logical empiricism)觀點、還有柏波爾(Karl Popper, 1902-1994)的否證論(falsificationism)似乎問題多多。特別是人文社會科學界,總以孔恩的理論為新的科學圖像,以典範、常態科學、危機、革命、理論負載(theory-laden)、不可共量性(incommensurability)等詞彙來描述科學,以為這就是真正的科學。再加上孔恩個人由物理學轉向科學史領域的傳奇故事,其聲名大噪之下,論者莫不以孔恩為尊。

　　事件:不可共量性這個名詞原來是在一九六〇年左右由費氏與孔恩在柏克萊的電訊大道(Berkeley's Telegraph Avenue)上的對談中產生出來的(Hacking 1995:

79）。

原來這個詞有兩個源流，費氏就是其中之一。就年代而言，他也在一九六二年（與孔恩同年）的論文〈解釋、化約與經驗主義〉（Explanation, Reduction and Empiricism）中，論證了不可共量性。值得注意的是，早在其一九五八年的論文中❹，他就試圖闡明「同一領域中兩個理論在什麼條件下演繹地不相交」，並且談到以理論來詮釋觀察語言，而此詮釋會隨著理論變化而改變。考慮到他在一九五○年代有關維根斯坦（Ludwig Wittgenstein）的討論，在在顯示他很早就開始發展這一問題。

不僅如此，費氏的戰鬥火力更足為稱道。從一九五○年代起，批評邏輯經驗論、柏波爾、拉卡托斯（I. Lakatos）及其他科學合理性的派別，屢屢掀起筆戰而引人側目。在這個改朝換代的時代中，他是一名戰功彪炳的超級戰將。不管是抽象的哲學思想，還

是其科學史研究（主要為量子力學、布朗運
動、以及著名的伽利略等），都一再獲得肯
定。一九七五年其最重要的著作《反對方法》
的出版，為其帶來前所未有的成功。書中除
了上述重要觀念之外，還闡述了方法論的無
政府主義（anarchism）、多元主義
（pluralism）、對理性主義（rationalism）的嚴
厲批判等，引起許多辯論與爭議，早已成為
不可不讀的經典。

　　這裡並非是要貶低孔恩的重要性，而是
認清許多觀念在當時許多作家（歷史派）的
作品中皆有出現，特別是費氏的科學哲學同
樣佔有一席之地。目前台灣人文社會思想界
大多數人皆言孔恩，而無視於費氏，或者說
對其思想仍屬陌生，筆者希望能將其適當地
表達出來並加以評論之，這是筆者所希望能
貢獻的地方。

　　雖說費氏自稱沒有定位（positions），伯
恩斯坦（Richard Bernstein）也曾說：「〔費
氏〕❺是科學後經驗主義哲學中的『壞孩

子』。任何對〔費氏〕的闡釋都充滿著危險，
因爲他不但對自己的自相矛盾沾沾自喜，而
且還告誡讀者不要對他的論證太認眞。」
（Bernstein 1992: 75）但本書仍試圖搜出他的
脈絡，冒著所謂將其凍結、僵化、變成木乃
伊的危險來剖析之，希冀這位激進的反對前
鋒會跳出來說：「他抓得住我！」

　　本書章節的順序，乃依標靶來安排，依
次爲針對邏輯實證論、柏波爾、科學至上主
義或西方理性主義等等。另一方面，也是因
爲費氏強調沒有所謂內在本質的好，必須依
靠於與其他選擇作比較。這本書寫作的過程
是以閱讀費氏的文章爲始，接著考察其他學
者的批評與相關文獻，之後回過頭來重新檢
視費氏，才得出的詮釋（一種捍衛性的詮
釋），希望能有助於其他人對費氏的閱讀與瞭
解。在進入各章之前，首先簡介費氏的基本
資料與思想。

　　費爾阿本德於一九二四年生於維也納
（Vienna）。早年由於維也納被納粹（Nazi）

佔領，而曾受徵召入伍。在一次從舊蘇聯的
撤退行動中，因背部中槍造成日後行動的不
便。他曾在魏瑪（Weimar）的學院裡受過戲
劇、歌唱等教育，後來在維也納大學裡學習
了歷史、數學、物理學、天文學等等，最後
則走向哲學。一九五一年獲得博士學位後，
欲前往倫敦拜在維根斯坦的門下。不幸地，
維根斯坦於那時過世，於是柏波爾成為他的
導師，從此開始了與柏波爾門派的分合與糾
葛，以及與拉卡托斯的相知相惜。幾番波
折，在柏波爾的幫助下，費氏終於在一九五
五年於布里斯托（Bristol）大學覓得教職。
而後在一九五九年移民至美國，任教於加州
柏克萊（Berkeley）大學，一九六二年成為
正教授，並開始於多所大學講授課程。也就
在柏克萊，他認識了孔恩，兩人成為歷史學
派的兩大支柱。一九九四年費氏死於腦瘤，
享年七十歲。以下介紹費氏的思想與著作。

　　費氏科學哲學的基本主張，其實有著反
對、批判科學哲學的意涵。他認為「唯一不

禁止進步的原則便是怎麼都行（anything
goes）」（AM3: 14; AM3': 9），為求進步，每
一條規則都有被違反的時候，也應該被違
反。他引述愛因斯坦（Albert Einstein）的話
「經驗事實〔給科學家〕規定的外部條件不允
許他在構造概念世界時墨守一種認識論體
系，因而被捆住手腳。所以，在這體系的認
識論者看來，他必定像一個典型的毫無顧忌
的機會主義者（opportunist）……」（AM3:
10; AM3': 2）來表明科學家從事研究時的不
拘泥，知道變通。進而強調知識論上的無政
府主義，也就是方法論不應束縛科學家。費
氏的主要目的乃是闡明一切方法論都有其局
限。

　　同樣地，為了獲得進步，理論、方法論
應該要是多元的，主要精義則源自於穆勒
（John Stuart Mill）的闡明。穆勒的基本要義
在於：「我們永遠不能確信我們所力圖窒閉
的意見是一個謬誤的意見；假如我們確信，
要窒閉它也仍然是一個罪惡。」（Mill 1986:

19）詳而言之，第一點，認為某些意見是絕對錯誤的、荒謬的，因而強力禁止之，這預設了我們認定自己之不可能錯誤性；第二點，縱使被迫緘默的意見是一個錯誤，它也可能，而且通常總是含有部分真理。而且因為得勢的意見通常也只有部分真理，因此需要這些被緘默的意見來補充；第三點，即使公認、得勢的意見就是全部的真理，但若不容許它遭受質疑與批評，那麼接受得勢意見就像抱持一個偏見，並且對其理性根據缺乏體會、領悟；第四點，承上，教條會變成僅只是形式上宣稱的東西，因而對於品行、善的追求有了妨礙。

在科學的領域裡，我們可以仿照上述來說明多元的需要，例如：我們不能確證科學理論之為真，也不應把不得勢的理論通通斬草除根。過去失敗的理論也常捲土重來（十年風水輪流轉），而現在得勢的理論難免終有一天會失意。理論的一元化，只會形成教條，阻礙知識的成長；多元的比較、對照才

是知識成長之途。

　　因此費氏反對那種主張新假設與既有成功的理論相一致的要求，亦即費氏反對一致性條件（consistency condition）。他認為引入新的理論需與舊理論相一致的想法，只不過是保留舊理論的保守思想。這種保守思想的核心，其實是認為科學應著重收集、增加新事實，除非理論與事實不一致，否則沒必要修改、更動理論，要儘量保持舊的有用理論，這背後預設著事實相對自主於理論，或者說觀察與理論的二分。費氏根據科學史案例表示，非但事實的描述取決於理論，而且有一些事實不靠某些新的替代理論，就無法獲得。因此，不管是基於多元主義、還是科學史案例，在在顯示一致性要求的不合理。特別是經驗主義者（認為要儘可能增加知識的經驗內容），若堅持一致性條件，不僅違反科學史實，也減少了經驗內容，更無法獲得那些得靠其他替代理論才能指出的事實。前述的多元教義，在這裡化身為強調引進多元

的理論的重要性，亦即「增生原則」
（principle of proliferation）。

把一致性條件（要求新理論與公認理論
一致）推廣來看，科學哲學通常的要求為
「理論與事實的一致」。然而，沒有一種理論
會與該領域裡所有已知的事實相符合。比如
說，總是會有一些測量上的誤差（定量方面
的誤差），會有一些實驗值與理論值的差距。
費氏提出一個忠告：韌性原則❻（principle
of tenacity），亦即遇到事實與理論的不一
致，該被質疑的不一定是理論，也未必就得
放棄理論。理論不因被反駁而捨棄之，因為
不一致是一種常態，只要不放棄理論、堅持
下去研究，情況會有可能改善，知識可能獲
得增長。

不僅理論與事實不和諧，理論與事實
（觀察結果）的二分也是不當的。經驗是受到
理論所滲透，感官接受同樣刺激，經驗卻有
可能不同（比如一些格式塔圖形的例子）。而
且，理論引導觀察，指導我們要作哪些觀

察，哪些觀察對我們而言才是有意義的。費氏早期則專注於批判邏輯實證論對觀察詞項（terms）與理論詞項的二分❼，他認為用作描述的觀察詞項之詮釋（或意義）不來自於經驗，而來自於其所出現的理論脈絡。由經驗演繹不出觀察陳述（邏輯關係只存在於陳述與陳述之間），亦即「經驗」與「對經驗的描述之詮釋」沒有必然關係。就好像經驗也許決定了儀器的數值（人們對語句的接受），但對儀器偵測結果之詮釋則來自於理論（語句之詮釋〔或意義〕來自於理論）。

　　在反駁了事實（觀察結果）具有優位、或者事實獨立於理論的觀點之後，這也相當於批判了那種單純收集事實（歸納法）的科學觀，或者批判了依此建立起來的知識累積的圖像。而這在下面拉到極端的情形會更明顯。

　　若詞項的詮釋（或意義）取決於其存在理論的脈絡，那麼在激烈的理論轉換之下，很可能兩個理論就會產生演繹地不相交。關

於不可共量性定義很多，費氏早期大概強調
以下兩點：1.理論中沒有任何主要描述詞項
可以用另外一個理論之主要描述詞項來適當
地、準確地定義；2.使用某一理論的概念會
造成另一理論的概念無法應用，反之亦然。
這會使得客觀的證據、比較都成爲問題，亦
即如何合理選擇理論？如何評判理論呢？也
使得後繼理論涵蓋前面理論的知識累積想
法，遭遇到困難。以上就是對費氏科學哲學
之思想的略述一二。以下則看看費氏有哪些
著作。

1.兩本論文集（1981）

　　費氏在1981年出版了兩本❽有關早期論
文❾的合集，一爲《實在論、理性主義與科
學方法》（*Realism, Rationalism and Scientific
Method*），另一爲《經驗主義問題》
（*Problems of Empiricism*）。這裡面收入了上
一節所介紹的〈解釋、化約與經驗主義〉、
〈對經驗作實在論詮釋的嘗試〉以及與量子力
學相關的研究論文，還有論及其受益頗多的

穆勒、維根斯坦、以及馬赫（E. Mach）的研
究。除了可供我們研究費氏早期的思想、以
及對邏輯經驗論、柏波爾強大火力的批評之
外，也可以看出費氏在五○、六○年代就有
重要的成果，為後來的碩大成就埋下了種子
❿。

2.《反對方法》（1975）**⓫**

　　出版緣起於拉卡托斯對他說：「為什麼
不把對你可憐的學生講的那些東西寫下來，
我會回答，那將會很有趣。」（KT: 139）這
本書乃集其大成，幾乎包含了費氏所有主要
的思想：知識論上的無政府主義、多元主
義、反歸納、反對一致性條件、反對科學主
義、伽利略與哥白尼革命的研究、對邏輯經
驗論以及柏波爾與拉卡托斯的批判等，他取
消了發現的脈絡（context of discovery）與證
明的脈絡（context of justification）的區別，
還有反對理論與觀察的二分，認為理論與觀
察不是由對應規則（rules of correspondence）
所連結的各自獨立之實體，兩者形成了一個

不可分割的整體，並且詳述了其著名的不可
共量性此觀念。尤其口號「怎麼都行」引發
出爭議無數。這本書的主要目的之一乃在於
擺脫方法論、科學哲學的束縛，亦即捍衛科
學實踐者相對於科哲桎梏的自由。有趣的
是，這本書的聲名遠播，也惡名昭彰，使他
被誤貼上反對科學者的標籤，被視為科學的
頭號敵人。

3.《自由社會中的科學》(1978)

　　這可以視為《反對方法》的續集，詳述
了哥白尼革命與亞里斯多德，以及補充了不
可共量性，討論了理性與實踐的二分，並試
圖解消之，這也是後來費氏批判西方理性主
義的主要路線。但特別值得注意的是，這本
書非常關心科學與社會的問題，極力讓社會
擺脫科學的專擅、科學至上主義，並且讓民
主來監督之。亦即主要目的之一在於捍衛社
會及其成員的自由，使其免於科學霸權的束
縛、宰制。他認為科學是許多意識形態（或
傳統）的一種，應與國家分離，正如宗教已

與國家分離一樣。另一較重要的特點是，在本書他融入了強烈的相對主義（與孔恩有極大的不同），並試圖克服哲學相對主義，關於此一問題本書將闢專章以供探討❷。

4.《告別理性》（1987）

承續以上二書，但著重更多的史料、案例，可以充分地看出其努力的轉型，不再多談抽象哲學，而汲汲於各種科學史、思想史，以豐富的資料來讓人信服，並且發掘西方理性主義自古希臘的起源，進而詳加批判之，以強調各文化的多元、豐富，對照理性主義的貧瘠、自大、無知的迫害，這是對其前述兩書非常重要的補充書目❸。

5.《對話錄三輯》（1991）、《自傳：消磨時光》（1995）

這時期寫了數篇對話錄以及自傳，此時對於相對主義已非常保留，並對不可共量性有一些補充解說、回憶，這些都是可以與前面各書對照並且斟酌出費氏妥切的立場之重要依據。雖然他沒有固定立場，但是我們可

以靠著他的個人剖析來釐清他各種不同立
場，找出他一以貫之的途徑；或者沒有，則
分門別類之，提供後人瞭解的捷徑。

註釋

❶ 還可以譯作費爾阿本特、費爾阿本；似同俊
(1995)、傅大爲(1990)則譯作費若本，大概是要儘
量依照中文的習慣；苑舉正使用費耶若本，周昌忠
(1996)譯作費耶阿本德，結構群則譯爲法伊阿本
德。作者認爲費爾阿本德似乎較爲適當，以下爲方
便，簡稱費氏。

❷ 詳見SFS。另外關於科學家的自大無知，可以某位諾
貝爾獎得主的話爲例：「科學不需要非科學之任何幫
助。」

❸ 借用孔恩自己的詞彙。

❹ 該文爲〈對經驗作實在論詮釋的嘗試〉(An Attempt
at a Realistic Interpretation of Experience)，與韓森
(Hanson)的《發現的模式》(*Patterns of Discovery*)
同年。

❺ 〔〕內的文字爲筆者所加。

❻ 這個原則有可能使剛萌芽的理論，有機會獲得進一步
發展；但也可能使當政的理論有藉口繼續執政下去，
因而與增生原則有些衝突。這對費氏而言並不是什麼
大問題，因爲增生可視爲對一致性條件的質疑，靭性
可視爲對眞切事實、否證論等的質疑，而費氏在知識
論上的態度爲「怎麼都行」，原則均有局限，但求增

　　大方法的總數目，而由研究者自行衡量之。

❼進一步地說，批判了觀察語句與理論語句的二分。

❽在本書定稿之際，作者才從圖書館取得新進，一九九
　九年出版的第三本論文集（PP3），由John Preston所
　編，收集了一九六〇至一九八〇間，前兩本論文集所
　未收錄的文章。作者花了一些時間，倉促中將其閱
　畢，並補上該書內容，以對自己與讀者有所交代。然
　而，基本上，該書以及費氏其他尚未出版的文章，並
　不影響本書所作的詮釋。

❾論文集裡並未蒐集完全，例如費氏早期的論文結晶
　（1965a）、進一步補充伽利略的案例（1970b）、闡明
　了增生、韌性等原則，並且有力地批判了孔恩與拉卡
　托斯（1970a）。但這無妨，因為《反對方法》乃是這
　些材料的集合，「是一本剪貼簿。幾乎以同樣的字
　句，包含了過去十年、十五年或者二十年前，所出版
　之描述、分析、論證」（KT: 139）。

❿他稱《反對方法》為遲開的花朵。

⓫第二版出版於一九八八年，而第三版則出版於一九九
　三年，補充了《自由社會中的科學》、《告別理性》
　裡的資料。

⓬此書最後一部分則為對各種批評的回應，筆鋒尖銳、
　犀利，異常精彩，由此更可以瞭解其理論、思想，套
　一句他自己的話：「即使是單方面的辯論也比文章更
　有教益，因為我想使更多的公眾知道某些內行者
　（professionals）驚人的無知。」（SFS: 1）

⓭告別理性？對照他以前的說法是很有趣的，他說：
　「我既不要變換規則，也不要顯示它們毫無價值；我
　倒要增加規則的總目錄，但是我建議對所有規則的不
　同用法。」其目的是希望，「我們最終將尋找到『新
　的一種合理性』」（轉引自莊文瑞　1991: 124）。

第一章
觀察、理論與知識的成長

「似乎我們滿足於，以邏輯劈砍（logic-
chopping）的方式，亦即僅注意字面的
一致性，所得到的結論……我們自言要
成為哲學家，而非辯論家；然而，卻沒
有注意到我們所作的，僅如同那些有點
小聰明的先生們」。（Theaetetus
164c5ff.）

在缺乏討論的情況之下，不僅意見的根
據被遺忘了，該意見本身的意義也失落
了。（Mill 1991: 45）

　　費氏認為過去強調科學有客觀中立基
礎，並且為一累積的進步事業，那些邏輯實
證論的看法裡，包含了兩個不能接受的預
設，既被科學實踐所違反，且在費氏看來也
是不合理的。本章依序介紹，費氏指出的兩
個預設，並整理費氏對這兩點的諸多批評。
最後，探索費氏論點背後，所主張的多元思
想。

一、正統觀點的兩個預設

　　邏輯實證論（或邏輯經驗論）、或者所謂的正統（orthodox）觀點，早期傾向於認為科學的說明（explanation）是一種邏輯演繹的程序，也就是說，用來說明的理論（T），應該能推導出待說明的理論（T'），或者說，T' 可以被T所化約。而說明、化約（reduction）的步驟都是邏輯地推演的。亦即，T應該邏輯地蘊含T' 的推論。例如：

1. 化約的目的就是要顯示，次級（secondary）科學的定律或普遍原則，是主要（primary）科學預設的邏輯推論❶。（1962a: 48; Nagel 1949: 541）

2. 被說明項（*explanandum*）必須是說明項（*explanans*）的邏輯推論；換句話

說，「被說明的理論」應該可以從內含於「說明的理論」的資訊中邏輯演繹出來」。（1962a: 48; Hempel & Oppenheim 1948: 152）

簡而言之，（A）「化約與說明是（或者應該是）經由邏輯推導（derivation）」（1962a: 55），費氏有時稱之為「可演繹性原則」（principle of deducibility）（1962a: 46）。

當我們將這些化約、科學說明的觀點，用在科學變遷面向時，我們可以這麼說，科學理論的進步、知識的累積，就是由於較普遍的後繼理論，可以說明（或解釋）先前的理論，或者說可以解釋既存的成功的理論，亦即可邏輯地推導出先前理論的成果。用來說明的理論（T）就是後繼理論，而先前的或既存的理論則為待說明的理論（T'）。換一種說法，就是新假說要能說明「充分確證的既存理論」，或者至少與其相容。簡言之，這類想法要求「新假說符合於已被接受的理

論」（AM3: 24），費氏稱之為：

> 「一致性條件」（c o n s i s t e n c y
> condition）：「在給定的領域裡，只有
> 包含先前被使用的理論，或者至少與其
> 〔先前理論〕一致的那些理論，才是被允
> 許的」。（1965a: 164; 1962a: 55; 1963b:
> 107）

在上述的說明、或者化約的過程裡，要
求邏輯演繹、推導，就表明這些動作（說
明、化約）不應該影響其中所使用陳述、描
述詞的意義。也就是說，「針對化約、說
明，（觀察）詞項的意義是不變的」（1962a:
55），費氏將有關這一類的預設，稱之為：

> 「意義不變性條件」 ❷ （condition of
> meaning invariance）：「相對於科學進
> 步，意義是不變的。」（1965a: 164;
> 1963b: 107）

換言之，所有未來的理論必須以這樣的方式

來形塑：它們在說明方面的使用，不會影響
待解釋的理論、觀察報告所說的。在前後接
續的理論中，所包含的詞項的意義應該沒有
變化。

　　這個意義保持不變的預設，不僅潛藏在
上述的「一致性條件」裡，其實也是正統觀
點對觀察與理論二分模型之看法的結果。他
們認為，科學理論的目的在於系統化經驗的
資料，經驗、實驗、觀察是科學的基礎，觀
察詞直接與經驗事實相連，而理論詞要靠連
結觀察詞才能獲得意義，而這依賴於負責連
接兩者的對應規則。也就是說，等待獲得詮
釋、意義的是理論，而不是觀察；觀察語言
是固定的、有意義的，獨立於待詮釋的理
論。觀察是科學的基礎，觀察語句包含不變
的、事實的核心，因此其意義是穩定的，並
且與理論無涉，所以可以作為理論間的裁
判；而科學理論則是用來系統化觀察資料，
或者說，理論本身有待觀察來支持、證實，
理論只有符合觀察、與觀察相連結才有意

義。

　　以下依序討論費氏對一致性❸條件、意
義不變性條件的批評，並試圖分析費氏心目
中的科學形貌，不管是理想的、規範的（應
然的）或者是實際的（實然的）❹。

二、費氏對一致性條件的批評

（一）科學實踐違反一致性❺

　　科學史上，理論的更替常常是前後理論
有互不一致之處。例如伽利略的自由落體理
論與牛頓引力理論兩者間，就是互不一致
的。前者認為自由落體是一種等加速度運
動；而後者會推導出，重力加速度會隨著離
地球距離之增加而減少❻，亦即自由落體是
一種變加速度運動。所以兩者的推論是不一
致的。儘管，靠近地表的短距離落下過程

中，加速度的變化太小，所以可以近似地認
爲，自由落體是等加速度運動，不過實際上
兩理論的推論結果是不一致的。

　　上述所談的是「邏輯的不一致」（1965a:
168; AM3: 24; 1963b: 108）。雖然兩者定量上
的差異，有可能測不出來，所以在數據上沒
有不一致；然而，在伽利略理論的有效領域
裡，牛頓理論所做的推論確是與其不一致的
❼。

（二）内在的不合理

　　假設有一既存理論（T），在領域（D）
裡是成功的，並且與有限的觀察（F）都一
致、吻合（誤差值保持在M之内）。現在有一
新理論（T'），在D裡的表現與T一樣（受到F
的支持，誤差保持在M之内），然而除此之
外，處處都與T互不一致❽。然而，按照一
致性條件，T'不應該被使用。因此在這個
極端的例子裡，可以看出一致性條件僅只是
保留舊的、較熟悉的理論，因爲在上述條件

下，兩者的差別僅止於先來後到而已。

　　可能有人會認爲，除非理論與事實不一致，否則無須改變理論。亦即科學重要的是累積新事實，對不相容的事實的討論才會導致進步，對不相容的理論所做的討論無助於事實的發現。我們需要的是新事實，那些替代理論（如T'）是無濟於事的，既然兩者都能說明現有的事實，那麼繼續使用舊理論，還可省下時間、人力、物力，將資源放在找尋事實上才是正確的。

　　這裡暗藏了一個預設：「屬於某個理論的經驗內容的事實，其獲得與是否考慮該理論的種種替代理論無關」（AM3: 26; AM3': 23; 1963b: 112），費氏稱之爲「事實相對自主性假設」（assumption of relative autonomy of facts），或者「自主性原則」（autonomy principle）。相反地，費氏認爲對事實的描述、觀察結果是取決於所採取的理論❾；事實上，任何受語言支撐的事物，總是以某些理論表達出來。在這裡，更重要的是，費氏

指出有一些事實，「若不借助被檢驗理論的
替代理論，就不可能揭露它們，而且排除這
些替代，它們將無法獲得」❿（AM3: 27;
AM3ʹ: 24）。因此，其他選項、替代理論的
發明與明確陳述，有可能必須先於反駁事實
的產生。而一致性條件排除了不一致的替代
觀點，因而減少了我們可能獲得的事實、經
驗內容，而與經驗主義之儘可能增加經驗內
容的要求不一致。所以正統觀點不應該堅持
一致性條件，這導致他們內在的不合理⓫。

三、費氏對意義不變性條件的
　　批評

　　正統觀點認爲觀察是科學的基礎，觀察
陳述獨立於理論之外，具有所謂事實的核
心。相對於變遷的理論，觀察結果是不變動
的，觀察詞的意義是固定的；理論詞則需要

靠著與觀察詞的連結來獲得意義。於是我們
就要問，觀察語句或者觀察詞的意義從何而
來？如何被決定？⓬

（一）語用的意義之原則

　　這一理論認為詞項或語句的意義（或詮
釋）是由「使用」所決定（1958: 21）。例
如，人們對某些日常語言的慣常使用，我們
可以藉助外在情境特徵，發現什麼情境下，
人們會使用哪些語句。針對於同樣的觀察情
境，人們能很快地、一致地得出相同觀察語
句、與事實報告的描述。這一類回應的一貫
性，語言使用的情境特徵等，就決定了對語
句的詮釋⓭。

　　費氏認為這一原則是不合理的，回應的
一貫性不足以讓我們決定，那些回應究竟代
表了什麼。比如說，我們可以確知動物對某
些情境回應固定的聲音、訊息，然而僅憑這
慣常的使用特徵，該聲音對我們而言仍僅屬
於某種噪音，因為我們還是不知道那代表了

什麼，不知其意義所在❶。以下整理費氏的
批評：

1. 某一觀察能力，可與各式各樣的詮釋
   相容。也就是說，對應於同樣的觀察
   情境，人們可以有許多不同的觀察詮
   釋、結果；儘管人們可以對語言有同
   樣的「使用」，卻不代表人人想法、心
   境皆一致。

2. 沒有任何一組觀察，足以讓我們邏輯
   地導出任何詮釋（歸納問題）（1958：
   22）。也就是說，邏輯關係只存於陳述
   與陳述之間，觀察與描述觀察的陳
   述，兩者沒有邏輯關係。我們僅能
   說，該觀察情境的存在，因果地促使
   了觀察語句的產生。

3. 存在著對一個語言的詮釋改變了，但
   在可觀察的日常生活使用上，卻沒有
   任何變化，這顯示詮釋並不由使用所
   決定。例如，針對自己會發光的物

體，其顏色可被視爲該物體的「性
質」；然而，考慮到彼此的相對速度
會影響所觀察到的顏色，顏色則被視
爲是一種「關係」，會隨著相對速度而
改變。然而，我們觀察、判斷顏色的
程序、反應都沒有改變。

4.「觀察陳述有時候演繹自理論原則，
並與其有許多方式的關連。而這也屬
於使用的一部分」（1965a: 203）。而這
與原先設想，觀察語句的意義獨立於
理論的想法，是不合的，因爲觀察語
句的使用牽涉到理論。

（二）現象的意義之原則

這一理論認爲，詞項的意義（或詮釋）
由「所經驗的」、或者「伴隨觀察而來的現象」
來決定，例如黃色的意象決定了「黃色」的
意義；用較詰屈聱牙的方式來表達：「觀察
詞項的詮釋，由緊接著接受（或反對）包含
該詞項的觀察語句，之前的『所給予的』

（what is given）或『即刻給予的』（what is imediately given）所決定。」（1958: 21-2）

儘管這一理論似乎避免了上述，語用的意義原則的困難，然而仍有其自身的問題。整理費氏的批評如下：

1.若語句S正確地描述了現象P，則我們稱此為現象地適當的關係；亦即S對P而言是現象地適當的。然而，我們要如何確定S對P而言，是現象地適當的？當我們說此S與P的關係是適當的，按照現象的意義原則，針對此關係，我們得訴諸另一現象P'。也因此，需要另一S'來對應P'，如此無限地追溯下去。這種無限的內省，將使我們無法說任何句子。訴諸內在現象❻的意義理論因而不成立。

2.所謂符號與現象是否現象地合適、符應，這個問題就預設著，符號擁有獨立於現象的詮釋，亦即意義已先存在

那兒，才能考慮其是否適當地描述現
象。當一個符號的詮釋已經失落、被
遺忘時，這個預設特別顯明。因為這
時，該符號已經沒有描述任何現象的
功能，也無所謂符不符合現象了。

3.意義是一種「約定（convention）的結
果。不管什麼事實，我們可以選擇不
同方式的約定，可以賦予同一表述不
同的意義」（1965a: 204）。或者，我們
可以簡單地說，語言基本上是作為一
種「溝通的工具」（1958: 20），所以其
意義是來自於利用該語言互動的人們
之約定成俗。

　　以上批評了兩種，試圖論證觀察語言的
意義不來自於理論的觀點，認為對觀察的詮
釋是穩定、不變的觀點。然而，這僅負面地
批評了這些觀點，我們仍然要問，意義是會
變動的嗎？為何會改變呢？隨著什麼的變遷
而改變？

（三）歷史表明意義不變性被違反

　　例如，相對論的「質量」概念，是一種關係（relation），牽涉物體與座標系統間的相對速度；然而牛頓的「質量」概念，是物體本身的性質（property），獨立於其在某座標系統裡的行為。儘管在相對速度不太大時，兩者定量上的差別無法被實驗所偵測（參閱 1965a: 168-9）。

　　這表明在不同的理論脈絡下，相同用語可擁有不同的意義。而且，相對論主張沒有絕對質量，這與牛頓理論截然不同；而古典的質量守恆定律也無法在不違反意義不變性條件的情況下，用相對論❶❻來說明或化約。關鍵就在於「質量」其意義上的不同❶❼。

（四）觀察的語用理論

　　意義不被「使用」、「現象」所決定，而且會隨著理論變遷而有所改變，我們該怎麼看待這些結果？費氏在正統觀點的語意理論

之外，提出一個他認為較為可取的替代選項：「觀察的語用理論」埠。

費氏將一個陳述（statement）區分為兩個部分：語句（sentence）❶❾與意義（或詮釋）。

發出一個觀察語句，就像一個測量工具所反應的數值，相應於一定的物理情境就有一貫的回應數據；或者類似我們觀察其他生物的外顯行為，在什麼環境下有什麼相應的行為，可辨認出其一定的關係、規律。然而，發出的聲響或者測量工具所回應的訊息，都尚待進一步詮釋。外在情境因果地促進了回應方式、語句的產生，然而卻沒有決定語句的內涵、意義。語句如同測量工具的數據，都待人解答、賦予意義。所以，「觀察語言的詮釋，決定於用來解釋觀察結果（what we observe）所使用的理論，它〔詮釋〕會隨著理論變遷而改變」（1958: 31）。

觀察的語用理論認為，觀察語句的詮釋由所接受的理論所決定。「單獨的字詞不意

指任何事；靠著成為理論系統的一部分，它
們才得到其意義」，「我們所使用的每個詞的
意義，依賴於其所出現的理論脈絡」，「因此
若我們考慮兩個脈絡，其基本原則互相矛
盾，或是在某特定領域導致互不一致的推論」
（1965a: 180; 1963b: 116），則第一個脈絡下的
某些詞將不會以同樣意義出現在第二個脈
絡。

　　也就是說，費氏反轉了正統觀點的想
法，他認為，並非理論詞等待被詮釋，或者
理論詞要與觀察詞相連結才有意義；待詮釋
的是觀察語句，而觀察語句的意義由其所相
連結的理論所決定。理論獨立於觀察，有意
義；觀察陳述除非與理論相連結，否則沒有
意義。這一點也反對觀察與理論的不對稱
（理論受觀察決定），因為觀察陳述的意義決
定於理論，如此觀察再也沒有先前的優位。
而這個問題，下面的說明會看得更清楚。

　　由觀察的語用理論看來，觀察陳述與理
論陳述僅是一種實用上、心理上的區分，並

非因為內容才有的區別。「觀察陳述並非因
為意義而與其他陳述有分別，而是因為它們
產生的情境」（1965a: 212），也就是因果地造
成語句產生的情境、使用特徵之不同，兩者
才有區別；或者說，存在著一種伴隨著使用
的心理區別。實際上，所有語句的詮釋或意
義都依賴於其所存在的理論脈絡；所以我們
可以說，「觀察陳述都是理論的」❷⓿，亦
即，「存在的僅有理論詞」（PP1: x）。

上述理論因此表明，正統觀點所想像的
那種理論與觀察的截然二分，觀察陳述包含
一穩定的事實核心等想法都是有問題的。後
繼理論有可能因為意義的變化，而無法說明
或化約先前（被替代）的理論，邏輯演繹的
要求因而不可能。而在更劇烈的變化下，有
可能兩個理論間沒有擁有任何共同陳述
（1963b: 106），亦即不可共量性的情況。這一
論題留待下一章來說明。

然而，費氏所提出的觀點並非就是毫無
問題的，也同樣地是非常粗糙的（ＫＴ：

118），不完整的描繪。他主要目的在於，做某種負面論證式的批評，亦即希望能指出正統觀點二分模型的過於簡化。

最後，要求意義不變的條件，認爲有固定不變之意義的觀察陳述，或者認爲存在一個穩定的觀察語言，包含事實的核心等這類的觀點，讓觀察語言凝固下來、不變動了，這些是「先驗的綜合的原則」（synthetic a priori principles）（1965a: 208），而這與實證論反形上學的立場不一致。正統觀點不對觀察語言做批評，認爲觀察語言是不變的基礎，該受批評、該被改變的是理論，然而觀察陳述乃是一經驗的陳述，不可能從古至今，直到未來都不變。依照前面的看法，觀察陳述都是理論的陳述，同樣需要進一步的批評、修正。

四、費氏有自己的科學圖像嗎？

　　本書所提供的答案是：早期的費氏不僅有一特定的圖像，而且還是一種規範性的（normative）方法論。

　　費氏在批判要求一致性條件的一元論❷（monism）想法時，他心中的理想是一幅多元論（pluralism）的圖像。他強調「增生原則」（principle of proliferation），亦即「發明、細心設想一個，與已被接受觀點不一致的理論❷，即使後者是高度被確證的、廣被接受的」（1965c: 105），以及採納此增生原則的「理論的多元主義」（theoretical pluralism），要求使用既存觀點之外的理論，亦即使用該既存觀點的替代選擇（alternative）。

　　費氏反對一致性條件的科學描繪，並且

主張引進與既存理論所不一致的理論、強調批判的科學圖像。假若理論T'，經過批判的過程，取代了舊理論T：T'作為T的批判者，是與T不一致的，亦即「轉變至新理論常常是轉變至與先前理論矛盾的理論」（1965c: 111）。費氏的方法論就是強調引進不一致的替代觀點來批判既存的理論。費氏甚至還詳列了作為適合批評的理論所需的條件❷❸，並且強調最好的批判是由那些能替代其對手的理論（有能力作為消除其對手的新執政者的理論）所提供。

　　然而，多元增生的原則不僅意味著引進不一致的理論來替代既存觀點，也強調防止「已被駁斥、被替代的舊有觀點」被消除，亦即保持許多互不一致理論的多元共存。這不僅因為舊觀點有可能捲土重來、東山再起，也因為舊觀點貢獻了其勝利對手的內容。「一個詞的意義並非詞的內在性質，其〔意義〕依賴於被納入理論的方式；同樣地，一整個理論的內容依賴於某特定時期該理論被整合

入（incorporated）其經驗推論的集合、被討
論的所有其他替代理論的集合的方式」
（1962a: 74）。也就是說，當意義的脈絡理論
（contextual theory of meaning）❷被採納，沒
有理由僅應用於單個理論、語言的情況，亦
即不僅有單個理論的脈絡，也可以考慮整個
理論群的脈絡。更何況，一個理論、語言的
界限無法被完善、精準地定義。所以我們應
當要考慮一整組彼此不相容，但經驗適當的
理論。所以討論檢驗、經驗內容這些問題，
費氏認為應該考慮「部分地重疊、事實上適
當，但互相不一致的理論所組成的一整個集
合」（AM3: 27; AM3': 24; 1963b: 113）。

　　不僅是在上述的意義層面，舊理論貢獻
了其勝利對手的內容。其實這種多元增生、
互相競爭的過程，並不收束到一個理想觀點
或最終單一真理；而是不斷地增加另類選
擇、互不一致的替代理論，理論間彼此逼使
對方愈來愈精微；所有的理論透過這樣競爭
的過程，不僅累積了知識，也促進了人們心

智能力的發展。

　　總之，費氏反對一元論的要求，反對這
一類的想法：「認為不管任何時期都只能有
一組互相一致的理論」；相反地，費氏主張
「同時地㉕使用互不一致的理論」（1965a:
149）。對「一致性」、「意義不變性」的要
求，只會使得既存理論成為形上學、教條。

　　一元主義代表的是思考的無能，無法提
出另類思考，塑造僵化的教條，強調權威與
順從；而多元、多樣性才是進步的大門，不
僅促進了知識的增長，人類的能力也藉此提
升，並且還強調人類個體性的重要與發展。
這個教義，費氏認為主要是穆勒的功勞，費
氏強調穆勒四個絕佳的論證，不僅符合科學
的精神，也是人類社會的理想原則。

　　穆勒的基本要義在於：「我們永遠不能
確信我們所力圖扼殺的意見是一個謬誤的意
見；假如我們確信，要扼殺它也仍然是一個
罪惡」（Mill 1991: 22; 1986: 19）。詳而言之，
第一點，認為某些意見是絕對錯誤的、荒謬

的，因而強力禁止之，這預設了不可能錯誤
性（infallibility）；第二點，縱使被迫緘默的
意見是一個錯誤，它也可能，而且通常總是
含有部分眞理。而且因爲得勢的意見通常也
只有部分眞理，因此需要這些被緘默的意見
來補充；第三點，即使公認、得勢的意見就
是全部的眞理，但若不容許它遭受質疑與批
評，那麼接受得勢意見就像抱持一個偏見，
並且對其理性根據缺乏體會、領悟；第四
點，承上，教條會變成僅只是形式上宣稱的
東西，因而對於品行、善的追求有了妨礙。

　　在以上這有力的論證之外，費氏認爲他
爲多元增生的原則，補充了一個科學哲學專
技上的論證❷⑥。他以布朗運動透過熱力學
（實際情況是，愛因斯坦利用分子運動論來計
算布朗運動的統計性質），而反駁了現象論的
第二定律這個例子來說明：存在著一些案
例，其中廣爲人知、輕易可以獲得的事實F
（例如布朗運動），與廣泛接受的理論T（現
象論的第二定律）相衝突、牴觸，但自然的

法則（不只是觀察的不精確）使我們無法發現這種衝突，因此無法使用F來反駁T；F對T的反駁，是經由引進了其他的理論T'（動力學；統計物理學）**㉗**。

費氏認為這與杜恆（P. Duhem）對克卜勒定律與牛頓萬有引力關係的討論不同，也與柏波爾對杜恆討論的重複不同。按照杜恆與柏波爾的說法，新理論可能與既存穩固的定律衝突，因此激發對該定律的新測試（進行可以不依靠新理論）：由這些測試揭露的事實，獨立於新引進的理論而存在、可觀察。在費氏的布朗運動例子中，不可能獨立於熱力學理論而確認此事實。亦即在前者的理論裡，主要是因為發現了理論與事實的不一致，才認為需要設想一個新的理論，或引發一個新的理論來替代舊理論。新理論並不是批判、反駁的必要成分；然而在費氏那裡，正是引進了其他理論才使得事實成為反駁的證據，亦即理論成為批判的必要成分。

費氏追尋著穆勒的腳步，主張理論的多

元主義、增生原則，強調意見的多樣性，對
科學而言，是方法論之必須，鼓勵多樣性的
方法也是唯一與人道主義觀點相容的方法
（1962a: 76; 1965a: 179），也就是說，「理論
的增生對科學是有益的，而齊一性則損害科
學的批判能力，而且還危害個人的自由發展」
（AM3: 24; AM3＇: 21）。

　　然而，儘管不同時期的費氏❷，始終強
調多元、多樣性的重要，其中卻有細微的差
別，而這一分別代表了費氏的重要蛻變。

　　早期的費氏在談到增生原則、理論的多
元主義時，心中所設想的，如本節一開始所
言，是一種規範性的方法論。費氏自承，他
所探究的是獲取知識的「抽象模型（model
或模式）」（1965c: 104），僅只抽象地架構一
種關於進步的模式、圖像。而該模式或者方
法論是構造來對科學實踐作「批判的基礎」
❷（1965c: 105）。

　　這樣的探索、構造，其目標為知識的
「最大可測試性」（maximum testability），從

此目標出發，抽象地設想如何達成目標的手段，試圖提供可能行動的模式，其結果就是費氏的「理論的多元主義」。然而，這樣的探索，費氏認為明顯地「與歷史事實無關」，而且也「沒有宣稱實際科學會符應於此模式」（1965c: 110）。因為，僅事實無法證成方法論原則，而科學實踐也不能是我們的最終權威（1965a: 172; 1963b: 111）。合理的方法論可以批評科學實踐，可以規範科學。

費氏並力倡此模式，認為此模式有其益處（由論證得出），希望科學家試著按此模式而進行，亦即方法論可以指引科學實踐。費氏還希望，該抽象模式與歷史實踐偶爾的不合，應被視為是對後者的批評，而非前者。也就是說，方法論與科學實踐的不合時，應當反省的是科學實踐。

明顯地，費氏早期並不傾向那種認為科學有自己的標準、方法，應該不要干預、順其自然的想法。他排斥那種，僅只描述科學實踐，並且以現存實踐的原則作為優越判準

的想法❸。他認為,我們可以經由抽象推理
來構造一個合理的方法論,用方法論來介
入、批評科學實踐。

　　費氏力倡科學家多發明不一致的另類觀
點、替代理論,科學家應該要通過多元競爭的
理論來作研究❹,新的、怪異的、舊的、被駁
斥的觀點,都應被保持、被研究,不能捨棄。
費氏認為強調多元的理論的方法論有其重要的
批判性、規範性。然而這一態度,與他後來要
讓科學擺脫科哲不必要的束縛,強調科學能夠
自立更生,而毋須方法論當作操慮太多的老爸
來費心,前後態度有所不合。

　　費氏變成了他自己原先所批判的,讓科
學按照其自身標準行事,自然的最好,外界
不要介入、干涉,這類觀點的支持者了嗎?
如果是,那麼我們不就可以用他先前反對該
觀點的理由,來反對他(以其人之道還治其
人之身)?我認為,不是的,費氏的想法與
那種「應完全放任科學,方法隨科學實踐之
演進而改變」的觀點,儘管非常相近,仍有

微妙的差別。費氏仍有批判色彩，只不過現在認為，科學的外在規範來自於民主，因為科學作為民主的一部分，理應受民主所監督❸，除此之外，其他不必要的限制都應禁止，這也符合自由民主社會的原則。因此，費氏不再對科學家、人們力倡規範性方法論，他的態度是：「我何德何能而為其他人規定法律？」（FTR: 508）

　　然而，費氏放棄多元論的態度了嗎？未必，誠如上所言，費氏始終強調多元、多樣性的重要。但那是他個人的偏好，他並不願規範、強制別人❸。費氏採取的是一種否定性的論證，他「並沒有證明多元增生應該被使用」，僅只是要指出「理性主義者不能排除它〔多元增生〕」（SFS: 145; 148）。

　　本書作者認為，理論的多元主義，其實仍是某種意義上一元的方法論（多元的理論、單一的方法論），而暗藏的多元主義動力，使其轉變成多元的方法論❸（各式各樣的方法論、怎麼都行），或者說被無政府❸的

知識論所替代，亦即沒有科哲（知識性）規
範，而僅存的正當性規範來自於民主。

　　而這個多元的圖像，最後剩下的是一種
描繪實然（科學實踐）的雜亂、不統一、多
樣性樣貌。科學不是一個單一的事業，而是
許多事業；不存在一門帶有明確界定之原則
的科學；相反地，科學包含各式各樣的探討
方式：高度理論的、抽象的，強調實驗的，
現象學的，即使作為科學模範的物理學也不
過是各分支的散亂匯集（彈性力學、流體力
學、熱力學等等）。甚至我們注意現代的實驗
室，它的產物是不可或缺的各項因素協商的
結果：物理事件、資金、設備、國家榮譽、
機密、時間、妥協、專利，因而科學的統一
性進一步受到質疑。

　　單一連貫的科學觀有可能是一種預言的
假說，或者教育上的編撰，或者是為了強調
統一的科學觀而把許多科學排除的狂熱分子
所希望的……等等作法的綜合。不存在關於
科學實在的簡單地圖，如果有的話，也非常

複雜難懂，無法使用；倒是存在著多種不同
的地圖，從各種科學觀點出發。

　　本書作者認爲這是費氏當初利用多元模
式探索的一個結果。費氏當初設想抽象的規
範方法論時，認爲若按照此模式來進行歷史
研究，可能會發現那些傾向一元論的人，他
們所未發現的事實，而瞭解到科學實踐較靠
近多元論（1965c: 110-1）。也就是說，歷史
事實如同科學的事實，同樣受理論所指引，
或者說依賴於理論，歷史事實的陳述同樣是
理論的陳述。而費氏採取強調多元的方法
論，去探詢的結果是，發現了科學方法、程
序、步驟、各層面互不雷同，彼此歧異、呈
現多樣的不統一組合。顯然這不是任何簡單
的方法論所能掌握，這是一個靠著方法論出
發，發現事實，進而指出原先的方法論的局
限。即使是一元論也可能有必要的時刻，費
氏最後出現的是一種不強求的多元色彩，是
一種視情況而轉變態度的機會主義圖像，儘
管它是以多元爲基調。

註釋

❶次級科學的定律應該可以從主要科學那裡邏輯演繹得出，納格爾（E. Nagel）稱之為「可推導性條件」（condition of derivability）（Nagel 1979: 354）。

❷費氏早先稱之為，穩定性命題（stability thesis）（1958: 20），意指觀察語言的意義不會隨著理論變遷而改變，觀察語言的詮釋並非來自理論。

❸費氏這裡的「一致性」是用在理論之間，而「一致性」通常指的是理論自身的一致，因此費氏擴大該意來使用之。或者我們也可以將理論之間的一致，說成某一整組理論內部的一致。然而，不管採何意，費氏均反對獨斷地要求一致性。

❹費氏本身毋須要認同此應然、實然之二分，這區別僅作為批判的工具來使用，只要對手接受即可，費氏毋須證成此二分。另外，費氏自己對此二分的態度是，只有將之看成是「暫時的工具，而非根本的界限時，才能取得進步」（AM3: 149）。

❺並非所有科學實踐都違反一致性，例如費氏認為量子力學的哥本哈根詮釋，是依照「一致性條件」與「意義不變性條件」的一種嘗試（可參見 1963b: 108），與相對論的案例不同。不過這無關緊要，因為作為批評，有些反例就已足夠，亦即只要有重要例子違反一

致性條件即可。

❻ 重力加速度與距離平方成反比。

❼ 針對強調可演繹性的那些說明、化約的理論，以上就表明，(1)伽利略科學無法被牛頓理論所化約、或說明；(2)或者可以被化約、被說明，但捨棄可演繹性（或甚至一致性）（1962a: 58）。此二者只是術語上的差別而已。

❽ 上述的情況是可能的，因為同一組觀察資料可以與非常不同、互不一致的理論相容（1962a: 59; 1962b: 143-4），這是由於作爲普遍的理論，總是超越特定時間可獲得的任何一組資料，以及觀察陳述總是允許有一定範圍內的誤差。總之，事實不完全決定理論，人類對事實作詮釋有一定的自由。

❾ 觀察陳述是理論的陳述，對觀察語句的詮釋是依賴於其所在的理論脈絡，關於這一點，詳見下一節以及下一章的討論。

❿ 費氏以布朗運動與現象論第二定律的例子來指出這一點，並作爲其多元主義的一個支持論證，參見本章第四節。

⓫ 一致性條件是某種一元論的觀點；相反地，費氏傾向多元論的觀點。所以較廣義之對一致性的批評，應呈放在一元與多元的對比下來看，請參見本章第四節。另外，請注意，這是以增加經驗內容為目的才導出的論證，對不擁有類似目標的人，該論證與其並非直接相關。

⓬費氏將符合以上敘述，並對觀察詞的意義之來源、決定做出說明的意義理論，他稱之為「觀察的語意理論」（semantical theory of observation）（1965a: 203）。

⓭這就比如說，偵測儀器對某些情況的回應、數據是一貫的，而那就決定了對數據的詮釋。

⓮除非藉助於某些理論的猜測、賦予詮釋。

⓯另一個對這類訴諸內在現象的理論的批評是，這會陷入個人主觀，因而與科學強調客觀或者互為主體性（intersubjectivity）的要求不合。

⓰相對論下的質能是可互換的，亦即只有質能守恆定律。

⓱這牽涉著理論脈絡下，基本原則的不一致，請詳見下一章關於不可共量性的討論；而本節此部分僅在強調意義有所改變，指出這一點已足夠。

⓲費氏稱，這是從三〇年代起就有的想法，由柏波爾、紐拉特（O. Neurath）、卡納普（R. Carnap）等人所闡釋過。討論後兩者到費氏的發展，可參見 苑舉正 1997b: 15-19.

⓳亦即一個尚待詮釋的語句。我們可由一組集合來決定情境與語句的關係，費氏稱該集合為特徵（characteristic）（1958: 18），用以表示語句的語用性質。「特徵」就是一組集合（set）{C, A, S, F, R}，A類別（class A）稱作觀察語句（被觀察者們C在情境S下所使用），條件為：給定某個S，每個C針對給定的S之適當A，都會獲致很快的、一致的、相關的決

定。

1. 可決定性條件（condition of decidability）對每一個 C來說，每一個A類別的原子語句a，都有一個適當的情境s，當在s下給a，C會快速通過一系列的階段、操作，而終於接受a（而F代表了，語句與上述系列階段之關係的函數），或反對a。

2. 快速可決定性條件（condition of quick decidability）上述的系列應該十分快速的通過。

3. 一致的決定條件（condition of unanimous decidability）在適當的情境下，只要某個（或某些）C接受（或反對）了某原子語句，則幾乎所有C都會接受（或反對）。

4. 相關性條件（condition of relevance）語句的產生、決定（因果地）依賴於情境。（R則代表語句產生與情境的關係函數）

⑳費氏不喜用理論負載（theory-laden）此詞彙，認為那似乎還保留了理論與觀察的二分，或者隱含觀察語句包含事實核心的想法。

㉑其實也是批評某種以經驗、觀察作為基礎的基礎主義（foundationalism）論點。

㉒理論包含迷思、政治想法、宗教系統，一個可應用到任何事物的某些面向的觀點。廣義相對論是理論；「所有烏鴉皆黑」則不是這裡指的理論。費氏自承對「理論」的使用，相似於蒯因（W. V. Quine）：本體論；卡納普：語言框架；維根斯坦：語言遊戲；巴雷

圖（Pareto）：理論；霍夫（Whorf）：形上學；孔
恩：典範（詳見1965c: 105）。對理論這一名詞的理
解，比較妥當的說明則是牽連到費氏所謂的「傳
統」，參見第二章最後一部分，以及第四章第三節。

㉓作爲適合批評的理論（T'），有四個條件：1.超越與
先前理論（T）矛盾的那個斷言（觀察、預測），包
含更多的斷言，也就是說，不能僅包含那個導致矛盾
的觀察；2.多出來的那些斷言，與導致矛盾的斷言有
直接的關係；3.不能因爲存在著與T矛盾的T'，就消
除T。應該要有獨立的理由（最好是支持T'的證據）
來支持T'。但是T'不能因爲在初始時期沒有獨立證
據的支持，我們就消除之。只要T'有可能產生獨立
證據，而該證據在某些時候就眞的產生了；4.T'要
能解釋T成功的部分。

然而，請注意，費氏此時的討論沒有把意義變遷導致
兩理論沒有交集的情況包含進去，亦即不可共量的情
況，這時候兩理論間就沒有邏輯關係，也沒有邏輯演
繹的說明、解釋，關於這一點請見，第二章第一節。
總之，替代理論在有些時候（儘管非常稀少），並不
符合這裡的敘述。

㉔費氏聲稱，該理論被維根斯坦強而有力的捍衛；然
而，維根斯坦應該不是在講「一個」理論。

㉕這裡所謂「同時地」，應該不是指科學家一次要使用
好幾個互不一致的理論；而僅是「同時期的」，亦即
在同一時期內，存在著互不一致的諸理論的工具箱，

人們可以選擇性地使用之。

❷費氏多元主義的色彩，不僅從他批判所謂的正統觀點
中可以看出，其實連他批評孔恩的典範概念時，主要
也是秉持多元的精神。費氏認為假若科學家對典範的
態度，有如宗教信仰般的堅信，並且認為典範一統江
湖而沒有其他可能替代選項，這一想法是不太合理
的。因為，若理論遭遇困難時，未必要放棄之，反而
可以堅持其信念，繼續努力下去，如此革命將無從發
生。相反地，費氏認為平常就存在著另類的聲音，有
潛在的替代者提供批判，才能督促研究的改善、意識
到危機與問題、加速危機的解決。就像政治領域，存
在著各種不同的聲音，有執政者、在野者，如果沒有
替代選擇，當局再怎麼失敗，也不會有危機、革命的
變遷；沒有替代理論，異例不會成為真正的問題、基
本的危機（詳見 1970a: 202ff.; 1962b）。

❷這個案例的討論，反覆出現在費氏的諸文章中，主要
可參見 AM3: 27-9; PP1: 143-5. 費氏宣稱有許多其他
例子可以支持他的論點，然而費氏似乎僅使用了本
例。對費氏此案例之批評，可參見 Laymon 1977，回
應 Laymon 的批評，並捍衛費氏觀點，則可參考
Couvalis 1988. Laymon 認為靠著共變的方法，即可指
出布朗運動違反第二定律，而且在愛因斯坦前，就有
人指出第二定律被布朗運動所違反，所以毋須等待統
計力學的利用。Couvalis則認為不管是當時人們的看
法，或者由現在來判斷，該方式僅提供一些猜疑，

Couvalis因而支持費氏之看法。

㉘後期的費氏同樣強調多元、多樣性，例如FTR主要的目的就是要顯示，多樣性是有益的，而齊一性減少了我們的快樂與（知識、情感、物質的）資源（FTR: 1）。

㉙我認為這是費氏承自其師克拉夫特（V. Kraft）、主要是柏波爾規範的方法論、強調批判的想法。另外，底下的目標：最大可測試性，費氏並沒有為此目標提供明確理由，而直接訴諸柏波爾的看法。

㉚類似SFS裡，所謂的自然主義，詳見本書第四章第一節。

㉛「人們〔應〕通過其他選擇（alternatives）的競爭來思考、感受與生活」（SFS: 144）。

㉜並參考本書第四章。

㉝「雖然我個人贊成思想、方法、生活形式的多元性（plurality），但我沒有試圖通過論證來支持這一信念」（SFS: 148）。

㉞「這樣的知識是，由各式各樣標準的海洋（ocean of standards）所引導、細分的各種替代理論的海洋（ocean of alternatives）」（1984: 140）。

㉟費氏僅使用知識論上的無政府主義，而非政治上的無政府。無政府這個詞在費氏文章裡的作用除了修辭外，其實僅指一種沒有方法論束縛的狀態，原則上與知識的多元主義沒有分別。也可說是自由社會裡，研究者基本上應有的研究自由，毋須方法論的規範。

另外，費氏寧願他人記住費氏是達達主義者，而非無
政府主義者，我們看看達達主義者的話來瞭解費氏的
精神：「達達就是自由。要超越成規，要藝術工作者
能獨立」、「在任何行動之上，有一個大原則……達
達對一切只抱持懷疑的態度」（羅青等1988: 5-6）「這
名字〔達達〕取得很好，因為它毫無意義；正因為毫
無意義，所以給它什麼意思都可以……其實達達只是
一種心態……沒有達達的真理，只要你說出一句話
來，這句話的反面就是達達……達達就是與推理不斷
鬥爭……」（Ibid.: 14），「〔反對〕所有的偶像崇拜，
任何事物可能都是偶像」（Ibid.: 31）。費氏關切「自
由」，還可參閱本書第四章第四節。

第二章
不可共量性

　　本章乃接續上一章所析述，費氏對邏輯
實證論的批判，進一步加以闡釋從中所延伸
出來的「不可共量性」之概念。首先，我試
著把握早期費氏關於不可共量性的諸多論
點，從中理出頭緒，並作一適當的澄清。這
一部分是專注於意義的不可共量性，或者說
演繹地不相交的處理，並指出可能的一些難
題。作爲理解費氏轉變的嘗試，我考察了費
氏對普特南批評的回應，接著再敘述、討論
用例子來展示、屬於歷史（或人類學的）命
題的不可共量性。最後，我用了一些段落來
交代不可共量性與相對主義的關係，這在第
四章中會加以討論，原則上本書作者認爲，
那種強調憑空抽象討論、希望普遍證成不可
共量性的想法，是通往類似的相對主義，而
那是費氏所要擺脫的。然而，費氏在SFS裡
尚未釐清其中的曖昧之處，直到FTR之後才
比較明晰。

一、演繹地不相交

　　由於費氏對於不可共量性的敘述，前後散落於各篇文章中，儘管大同小異，卻也令人捉摸不定。本節只好採一種提問式的迂迴思考方式，來呈現此部分牽涉意義的不可共量性。

　　費氏自承，不可共量性的想法可追溯自一九五二年時，與安斯康姆（Elizabeth Anscombe）作有關維根斯坦手稿的對談。之後，並曾在安氏家中作過一小型的報告。不過直到一九五八年的文章裡，費氏才明確提出一個有關意義的命題，用來反對早期邏輯經驗論（或邏輯實證論）有關意義不變性的主張，也就是「命題I」（thesis I）：「觀察語言的詮釋，決定於用來解釋觀察內容（what we observe）所使用的理論，它〔詮釋〕

會隨著理論變遷而改變」❶（1958: 31）。也就是說，理論決定了對觀察語句的詮釋。然而，僅意義隨著理論而變化這一點，尚不是指著不可共量性，這只是個開端。從此點出發，可以嘗試著設想兩個前後期互為競爭的理論，其中意義是否可能激烈地變化。

在一九六二年的文章裡，費氏才首度使用不可共量性一詞，用來表明理論間說明、化約、邏輯演繹不可能的情況，以及依據內容比較的判準之困難。他的不可共量性是指，兩個理論間，某一理論的「主要概念」，無法用另一個理論的「基本（primitive）描述詞為基礎來定義，也無法用正確的經驗陳述來關連於後者」（1962a: 76, 68），也就是說，這裡所描述的情形是：

考慮兩個理論，T'與T，兩者在D'裡都是經驗地適當，D'之外則非常不同。可能會有以T為基礎來解釋T'的要求，或者從T與合適的初始條件下推導

（derive）出T'（針對D'）。即使我們假
設在D'裡，T與T'有定量上的一致
（quantitative agreement），但假若T'
是，使用規則（rules of usage）包含§F
與T不一致（inconsistent）的定律，此理
論脈絡（context）之一部分，則上述推
導將不可能。（1962a: 77）

或者，我們利用上一章介紹過的，觀察
的語用理論的觀點，「單獨的字詞不意指任
何事；靠著成爲理論系統的一部分，它們才
得到其意義」，「我們所使用的每個詞的意
義，依賴於其所出現的理論脈絡」，「因此若
我們考慮兩個脈絡，其基本原則互相矛盾，
或是在某特定領域導致互不一致的推論」
（1965a: 180），第一個脈絡下的某些詞將不會
以同樣意義出現在第二個脈絡。

在這裡，我們必須停下來思考，以求澄
清一些疑點。畢竟，不可共量性是個引起風
風雨雨、爭論不休的概念。

　　第一，理論的任何不同、或改變都牽涉
意義嗎❷？

　　並非理論的任何改變都牽涉著意義的變
化，有許多微不足道的改變，並沒有影響主
要描述詞的意義。比如考慮牛頓的引力理論
（T），假設現有一理論（T'），與T的不同之
處僅在於改變了引力的常數❸，因而在同樣
的領域裡，兩者有量上的不一致。然而，兩
者所使用的主要描述詞，其意義都沒有改
變。

　　另外，費氏似乎認為理論的變化，牽涉
到原則、定律的不一致才是重要的；意義變
化、不可共量性取決於某些基本原則（或規
則）間的關係。何謂較為基本的原則呢？構
成語言、理論的那些規則（rule 或 law），形
成一個高低層級，有些原則預設著其他原
則，但沒有被那些原則預設著。若原則R'
被R''及更多的原則（至少比預設R''的原
則更為基本）所預設著，則R'比R''更為
基本。而基本原則的變動會使理論有較大改

變。

　　例如：對牛頓天體力學的時空概念的改變，可能就有必要重新定義幾乎每個詞、重新形式規則化每個定律；而引力定律的改變則沒有更動這些概念、其他定律。也就是說，「存在著意義與理論的某部分〔亦即，基本規則〕的緊密連結」（1965c: 114），這些基本原則決定了詞項的意義。基本規則的改變，或者兩理論間基本規則的不一致，會使得兩理論的主要描述詞之意義因而不相同，造成了不可共量的局面❹。

　　第二，費氏所指的基本原則究竟指著哪些原則？亦即，牽涉意義變化、決定意義的規則，到底所指為何？

　　是科學理論的定律嗎？的確，費氏舉例時，常用到定律間的不一致❺。然而費氏又強調，理論「所屬脈絡下的原則（principles）不需要被明確地系統陳述（explicitly formulated），事實上很少如此」（1962a: 77）。規則支配著理論主要描述詞項的使用，

而不可共量性的發生就在於有互不一致的兩組隱晦規則。筆者認為，這就使得我們無法藉此澄清不可共量性。因為若要說明什麼是不可共量性，我們必須指出意義之劇烈變化，而意義變化則依賴於對互不一致的原則之澄清；但是，原則是隱晦的、無法明確系統陳述的。因此，本書作者認為，費氏之所以奢談存在隱藏的不一致的原則，完全在於費氏早已認定了有不可共量的情境之產生。

　　觀察可以審判理論的情形，是在低階的理論，其原則並沒有碰觸到所選擇觀察語言所依賴的本體論的情況；也就是說，較為普遍的背景理論提供觀察語句的穩定意義（1965a: 214; 1963b: 106）。然而背景理論也會改變，而替代的觀點有可能激烈地不同，因而沒有任何共同的陳述。亦即，針對較低階的理論，「背景理論提供了兩理論之觀察陳述的共同詮釋，所以判決性實驗有可能。在高階理論（例如關於宇宙基本元素的性質），情況就不同，這一類的理論可能沒有共享任

何一個觀察陳述」（1965a: 216; AM1: 276）。
不可共量性有可能造成理論間沒有共同的陳
述，費氏將這類情況稱之為演繹地不相交
（deductively disjoint）（SFS: 67），也就是
說 ， 理 論 使 用 了 「 無 法 產 生 包 含
（inclusion）、相斥（exclusion）、相疊
（overlap）等通常邏輯關係的概念」（SFS: 66-
7; SFS': 85; AM1: 223）。而這就把我們帶到
最具爭議性的焦點。

　　第三，「兩個理論要能不相容（亦即某
個理論的原則反對了另一理論的原則），一定
要使用許多共同的詞項。而這預設了，至少
某些共同詞項的意義在兩個理論中是一樣的」
（Achinstein 1964: 499），或者說，沒有任何
共同的基礎，一個理論如何可能對另外一個
作批評（Shapere 1966: 44）？不可共量性
（如果是意指兩理論間沒有邏輯關係的話）的
理論怎麼會是同一個領域（domain）？在什
麼意思上是互相衝突的？

　　在此，我們必須先澄清另外一件事。在

上一章批判一致性條件時,費氏要求引進與既存理論不一致的假說、理論,這個「不一致」基本上是屬於邏輯的不一致❻。

然而,費氏似乎在力倡引進不一致的理論時,也包括不可共量性的理論。但是如上所述,不可共量性的理論間,是演繹地不相交的,不存在通常的邏輯關係(SFS: 66-7)❼,畢竟「兩個語句要相互矛盾(一個與另一個不一致),一個必須是另外一個的否定(denial),也就是說其中之一所主張的被另外一個所否定。這意味著理論間必須要有某些相同意義」❽(Shapere 1966: 44),當一個理論所有詞的意義與另外一個理論完全不同,是不會有不一致或其他邏輯關係的情形。

這裡所能做出的詮釋是,廣義而言,提出與先前理論「不一致」的替代理論,應該包含不可共量性的理論(雖然是不常見的、稀少的);所以費氏此時的「不一致」應該包含邏輯上的與非邏輯上的(亦即不可共量的情形)❾。簡單來說,就是替代理論中,

有少數（屬於不可共量性的理論）是與先前
理論間沒有邏輯關係。

　　同樣地，前面談到的「基本原則」間的
「不一致」也會有此困擾。亦即不屬於邏輯的
不一致，筆者認為我們同樣期待一種非邏輯
的不一致概念。那麼我們依舊陷入於，這些
原則為何不能相容？為何理論是競爭的？是
什麼意思上的衝突？❿

　　費氏對這類問題的回應之一，似乎只是
重述歷史，而歷史表明就是有這樣邏輯學家
無法瞭解的例子（參見 1965b），前後的理論
間不可共量，沒有相同的陳述，沒有通常的
邏輯關係，但卻互不相容、互相競爭，並且
科學家在其中做比較。然而，這對於問題的
澄清，毫無助益。

　　另外，費氏認為要舉出理論的不同，而
不需要牽涉意義的討論，是很容易的。這一
點似乎也沒有對上述問題的解決有幫助，因
為任何事物間的不同當然牽涉許多因素，而
非僅止於意義面向；任兩個東西的不同，並

不意味兩者成為競爭者。我們現在的問題
是，內容完全沒有交集，如何相互競爭、互
為替代？

　　在前面提過，不可共量性牽涉的是較高
階、較普遍的理論，若我們將不可共量性限
制在普遍理論（general theories）而已，問題
似乎可被消除，或者最小化（Sankey 1994:
11-2）。然而，這樣並未解決問題。若理論是
有關某相同領域的任何事物，那它們至少應
該會有關於某些相同事物。也就是說，認為
不可共量性的發生，僅限定於較廣泛的普遍
理論、背景理論，這只是把問題留到普遍理
論；亦即同樣的問題仍然存在，沒有共同的
組成、基礎，兩者如何互不相容？差別只是
說，現在這個情形發生的對象不是任何理
論，而僅止於高階、普遍的理論。

　　或許，我們可以試圖從費氏建議的，在
不可共量的理論間，如何做比較、選擇❶的
可能步驟（1965a: 217），來找尋一些可能出
路。

　　第一種方式是，發明一個更普遍的理
論，以提供一個共同背景，如此兩理論可依
靠此共同基礎做選擇。問題是，這個背景理
論若與兩個互為不可共量的理論都一致，這
似乎就表示不可共量間的理論是一致的，這
是不能接受的後果⓬。而另外一個可能就
是，新的背景理論透過更動了那兩個理論，
將其納入；然而，這時此二理論就不再是先
前的那兩個互為不可共量的理論了⓭。

　　費氏另外建議了我們，要認真看待觀察
的語用理論。費氏並沒有詳細說明此步驟。
不過，我們可以如此設想，若陳述是一個語
句（待詮釋）與詮釋（意義）兩部分所構
成，則相同語句可能擁有不同陳述。所以在
相同情境下，擁有相同的觀察語句（未詮釋）
是可能的。例如T1導出語句S，而T2導出非S
（not-S），T1、T2的擁護者在相同情境下若都
接受S（雖然各自詮釋不同），則雙方在這一
點上似乎可認為T1較可取⓮。

　　然而，這種互相對抗僅是在一種非常弱

的意義上，畢竟兩者共同宣稱的語句具有不
同意義，實際上是兩個不同陳述。並且，這
僅代表了一種可能性，在科學史上，不可共
量的理論間是否真的有此情形，尚待考察。
更何況，在極普遍的背景理論間，費氏認為
可能連共同的語句也沒有。

　　另外，費氏似乎進一步認為，甚至連相
同的觀察語句都不需要。相同語句的產生是
靠著相同的實驗、程序、情境，有相同的經
驗領域，或者人類相似的觀察能力。所以，
即使沒有相同的觀察語句，也仍能用不同術
語作一表述、評判❺。問題是，以上仍等於
說，有一個獨立於理論的基礎存在，使我們
可以比較、測試理論，落回到較古老的經驗
主義與基礎主義。所以，費氏反對的不是獨
立於理論的觀察，而是反對獨立於理論的觀
察語言（Shapere 1966: 47）。但我認為，更重
要問題在於，我們不使用相同的語言，要如
何來說明、指稱、確定哪些事物、情境是共
同的或相同的？本書作者認為，費氏最極端

的立場是與作者的質疑站在同一邊的。沒有相同的意義，無法肯定指稱著相同情況，費氏認為「當然不能假定兩個不可共量的理論涉及的是同一客觀的情況」，也就是說，不可共量的理論間所「涉及的是不同的世界」（SFS: 70），不涉及共同的客觀基礎。

　　儘管有上述的疑點，然而就原先的目的而言，僅意義的改變此一事實就足以造成，強調說明、化約中的可演繹原則之困難，因為意義的不同，使得可能的邏輯關係為之中斷。雖然費氏對什麼造成、決定意義的改變，或者何謂非邏輯的不一致的原則，以及不相容等等，並沒有令他的對手滿意的、明確的說明⓰。但作為一個反面的論證，作為對意義不變性的批評，意義改變、意義依賴於其所存在的脈絡這一宣稱似已足夠。

　　由上所述，費氏所要呈顯的是一種非邏輯關係的不一致，不可共量的兩理論間沒有通常的邏輯關係，可是卻不相容、有所衝突、互相競爭。亦即，此概念並不存於通常

的邏輯❶討論之中，也因此無法用語言表達
清楚。那麼，我們要怎樣看待這種情形呢？
接下來以考察費氏回應普特南的批評，來作
為一種嘗試。

二、普特南的批評

　　普特南（H. W. Putnam ）認為邏輯實證
論以及強調不可共量性的歷史學派兩者都是
自我駁斥的（self-refuting）、自我否定的
（1981）。他對不可共量性之詮釋為：另外一
個文化所使用的詞彙，例如17世紀科學家所
使用的「溫度」，不能與我們所使用的任何詞
或陳述有相同（equated）的意義或指涉
（reference）。由此：

　1.我們無法翻譯其他語言（甚至我們語
　　言的過去）。

2.因此我們只能視其他語言爲噪音，也
　沒有辦法認爲那些〔說其他語言的〕
　人是思想家、演說家或是人，亦即只
　能視他們爲動物。

3.費氏告訴我們伽利略〔與現代〕有著
　不可共量的觀念而且用篇幅去描述之
　是完全的不連貫的（incoherent）。
　（Putnam 1981: 114-115）

費氏認爲上述三點預設著（FTR:
266）：

1.瞭解外國觀念（文化）需要翻譯。
2.成功的翻譯不改變用來翻譯的語言。

所謂用來翻譯的語言，通常是本國語或
母語。而費氏對這兩個預設的批評是：1.我
們可以不用透過母語，而可以像小孩子一
樣，從頭學習一個語言或文化❸（語言學
家、歷史學家、人類學家已瞭解這種程序的
好處）；2.我們可以改變母語使其能表達外

來觀念。成功的翻譯總是改變其所賴以發生的中介,滿足上述第一項(瞭解外國觀念需要翻譯)的要求,或者嚴格遵守第二項(成功的翻譯不改變用來翻譯的語言)的只有形式語言⑲。

針對普特南的第三點批評,費氏認為普特南既對又錯。說他對,是因為對一個不適合或者不願意去接受外來想法、創新概念,故步自封的語言、傳統,的確無法去描述迥異的觀點。但費氏認為這是微不足道的。相反地,費氏主張自然語言的識別條件並不排除改變,英文並不因新字詞的引進或舊字詞被賦予新意就不再是英文。畢竟說一種語言或者說明某種情況,都代表著不僅要遵循規則,還要改變規則(FTR: 270)。也就是說,互為不可共量的理論間,瞭解、說明、比較對手是可能的,可以藉著詮釋的過程,進入對方的世界觀,不管是從頭學習、還是試圖改變了原先的語言來適應⑳。很明顯地,我們現在可以使用中文來說明西方的思想(包

括許多對我們而言非常驚奇的概念），或者解
說英文，來做中、英文的比較，進行不同文
化的比較。

最後，費氏強調普特南所談的不可共量
性，與費氏心中所想的，是有所分別的（參
見 FTR: 272）：1.費氏談的不可共量性是稀
少的事件，只存在於當某種語言（理論、觀
點）說明詞項之有意思（meaningfulness）的
條件，不允許另一語言之說明詞項的使用。
僅僅意義的不同並非費氏的不可共量；2.不
可共量的語言（理論、觀點）間並非完全不
相關連，其有意思的條件、情境之間存在著
巧妙、有趣的關係。不可共量性對哲學家而
言是困難，對科學家則否，哲學家堅持論證
中意義的穩定不變❹，但是科學家深知說一
種語言或解釋某種情況代表要遵循規則也要
改變規則，他們跨越了哲學家認為無法超越
的言說界限，是辯論藝術的專家。

費氏仍然強調不僅說明詞項的意義之不
同，而且還要有一些條件，禁止或阻止了另

一語言說明詞項、概念的使用。也就是說，
如同前面所言，原則的不一致導致意義的不
同；或者說某一理論脈絡下的描述詞因原則
的不一致，而無法在另一理論脈絡下使用。
因此，上一節的問題仍然存在，理論是怎樣
的不相容？非邏輯關係？而費氏的態度是，
就像要表現古代（或原初、異國）世界觀的
語文研究學者、人類學家、社會學家，或者
想要用當代英文介紹不尋常科學觀念的科普
作家、科幻小說作者、翻譯不同時代、地區
的詩的作家等，都知道如何從英文的字來建
構一個聽起來是英文使用模式之模型，來適
應那些模式並說明之。亦即我們可以透過更
動、擴大語言的方式來說明迥異的觀點，可
以描述迥異觀點間的關係。總之，我們可以
描述、詮釋不可共量性，而毋須抽象定義
❷。亦即，採取一種描述的方式去表現不可
共量性之非邏輯的關係。

三、例示的不可共量性——人類學方法

如同前面的說明，不可共量性是一種非通常形式邏輯上❷的衝突、競爭。亦即，不可共量的兩理論間存在著隱晦的阻力、對抗，不僅反對對手的真實性，而且還會阻止作對迥異觀點（不可共量的理論對手）的設想。所以無法用明確定義或邏輯說明的方式來表現不可共量，不能用邏輯工具來應付非邏輯情境。所以費氏採用了不同的方式來談論不可共量性，透過一種例示的方式來處理，希望「對這一現象加以揭示，讓讀者透過接觸各式各樣的事例來認識它〔不可共量性〕，然後，做出獨立的判斷」（AM3: 166; AM3': 196）。這也顯示，費氏的概念不限於所謂的科學領域而已。

　　費氏以一系列心理學、語言學的例子來展示不可共量性，最主要的，他花了極大篇幅來構造古代的宇宙觀。之所以花極大的篇幅，其實符合上一節所言，就像其他歷史、人類、社會等學門的學者，引進古代當時的知識、藝術、生活各層面的想法、情境，藉以提供一個新的語意風景，供讀者進入該世界，擴大讀者本身的視界。費氏的成果是，得出了兩類宇宙論。

　　宇宙A的要素是對象的相對獨立的各部分，它們結成外部關係。各部分加入集合體，不會改變各部分本身的內在性質。而一個特定集合體的性質，就由該集合的各部分、以及各部分間互相關聯的方式所決定（AM3: 201; AM3': 226）。按適當順序列舉這些部分，就可以得到這客體。所以關於一個對象的知識，就是對其部分、特點的列舉❷❹。列舉愈多、個人的經驗愈多，表示知識愈多。

　　宇宙B則區分了本質與表象，或者區分

了真實世界（實在）與表象世界。現象是混亂的、朦朧的，有可能誤導的；而實在是簡單的、一貫的，可以用齊一的方式來表達。所以就有了「意見」與「知識」（或者說真知）的區分。而對形相、表象的枚舉並不代表知識，也不等同於真實物體本身。

　　在宇宙A裡，一個列舉各部分、特徵、形相的表列就窮盡了一個物件所能說的一切。例如㉕，一支直筷子，伸到水裡變成曲折的形狀，直的、曲折的兩者都屬於筷子的性質，可在表上一一描述之，並列而無礙；然而在宇宙B裡，這個歧異的現象就必須要解釋，有可能直、曲都是不可信的表象，也有可能「直的」代表真實的，而在水中的情境，才使其呈現出曲折的幻象，等等這類的說明、解釋。在宇宙B裡產生這類有待解決的問題，不僅在A裡不是問題，而且通常也不會在A裡產生。

　　費氏描述了宇宙A向宇宙B轉變的過程、變化，最後總結說道：「我們不可能比較A

與B的內容❷。A裡的事實與B裡的事實甚至
不可能並列在記憶之中：呈現B裡的事實，
意味著暫時廢止在構造A裡的事實時，所採
取的原理❷。我們所能作的只是在B中描繪
關於A事實的B圖畫，或者把關於A事實的B
陳述引入B。我們不可能在B中應用關於A事
實的A陳述。把語言A翻譯成語言B，也是不
可能的❷。這並不是說，我們不可能討論這
兩種觀點──但這討論將導致這兩種觀點
（包括用已表達它們的語言）發生相當大的變
化。」（AM3: 206-7; AM3': 231）

　　我們可以發現，這個結論並沒有與費氏
過去對不可共量性的陳述有明顯差異，同樣
包含了我在前二節中所介紹的基本要點。我
認為主要的差別，僅在於進行的程序上，費
氏用來確定古代宇宙論的程序，其實與人類
學的方法❷有共同之處。如同人類學家貼近
其他部落、文化，而瞭解、發現原先無法想
像、理解的觀點、現象，科學史家、費氏貼
近科學實踐，而挖掘出相異的宇宙論，並發

現不可共量性的特徵。不可共量性成了歷史或人類學的現象、命題。

　　一個人類學家在研究時，他要注意到那些甚至在表面上一點都不重要的活動，因為在一種思維（包括知覺）下不重要的東西，在另一種思維裡可能有著重大的作用。研究者必須克制對立即的清晰以及邏輯完美的追求，不能斷然使用材料中沒有的東西（除非出於進一步研究的權宜之計）。要澄清不能透過現有的邏輯或偏見來硬套，而是要靠進一步的研究，若有邏輯也應是研究對象本身的邏輯。就好像一個孩子不是通過邏輯澄清來瞭解一個詞的意思，而是通過這個詞怎麼與事物以及其他詞相配合來瞭解。

　　費氏認為，說一種語言會經過「製造噪音」的階段，例如小孩子靠著專注於適當情境下重複的噪音，逐漸賦予意義來學習語言。他以穆勒在其自傳中談到他父親對其所提出的邏輯問題的解釋為例，穆勒說：「當時，這些解釋並沒有使我明白這個問題，但

是，它們並不因此是毫無用處的；它們仍是
我的觀察和思考賴以結晶的核心；他用具體
事例為我說明了他的一般解說的含義，而這
些例子後來引起我的注意」（AM3: 193-4；
FTR: 270）。所以在不可共量理論間的轉變
期，或者革命時期的混亂，不清晰、非理性
怎麼克服呢？費氏認為，特點在於，堅定地
製造別人認為無意義、模糊的話語，直到累
積的材料非常豐富，直到產生規則，足以做
為大家認識到的一種新世界觀的基礎，那這
種被視為瘋狂的舉動就變成合理與明智。

　　費氏利用類比於人類學的方式，來表達
他可以描述不可共量的理論各自特徵、轉變
的形貌。然而當他分析這不可共量觀點的特
點時，我們似乎聽到費氏是在說，也許有人
認為費氏的不可共量性是不合邏輯的、而且
非理性的、含意不清、模糊的、不知所云
的。然而，到了某一時期，這一概念會變得
非常清晰，屆時費氏就成為先知的智者。換
句話說，費氏在描繪不可共量性的特點時，

似乎也在表明，他與他的對手們是不可共量
的。

　　針對那些要求明確分析、定義，要求清
晰、精確、邏輯地給出一個意義理論的看
法，費氏會認為那是不符合他的方法，而追
求即時的清晰的想法只是會保留舊有的理
論，一種保守的、僵化語言的方式。澄清術
語（不明確定義就不能討論）、運用邏輯來空
想、討論，這只是把我們想要瞭解的事物引
入已有知識的小胡同裡。用既有的語言與世
界觀去闡釋未知的東西，是未必適當的（誤
解、不適當地詮釋對象），也是保守的。堅持
利用現有工具去應付未來各種情況，當然也
是可以的，只是會遭遇許多困難，並且故步
自封而無法增進知識，也違背科學的精神
❸❿。人們必須學會使用未經解釋的詞來論
證，學會使用尚無明確使用規則的語句，新
世界觀的發明者❸❶常常是說著似乎無意義的
話，直到這種無意義的話在他與他的朋友產
生的很大的數量、受到很大的注目，足以使

這些話產生意義。

　　費氏所做的，是用一種歷史描述的方式來描繪不可共量性，然後用不可共量性的特徵，來為他在這一概念上所遭受的質疑作辯護；也就是說，他以不可共量（科學間存在的事實）來捍衛不可共量（他與其對手是不可共量的，所以那些質疑無足輕重，所以他的不可共量的概念是合理的）。

　　若我們使用拉卡托斯的詞彙，人類學方法以及不可共量的概念，構成了費氏的研究綱領方法論；而費氏利用這個研究綱領去作歷史研究，指出歷史事實，描繪出不可共量的圖像，然後反過來支持這個研究綱領。或者我們可以說，費氏藉著不斷地描述來證成他的不可共量性。

四、關於相對主義

費氏指出維根斯坦❸❷的偉大功績在於「強調了科學所包含的不僅是公式與其應用規則，而且還包含了整個傳統」，而孔恩擴大、具體化了該想法，「典範是一種傳統，包含著容易辨認的特徵以及不為人們所知、以隱蔽的方式指導著研究的傾向、程序，只有與其他傳統進行對照才能發現這些傾向、程序」。而不可共量性的想法，就是「將理論等同於傳統的一個自然結果」（SFS: 66; SFS'：84-5）。

如果把科學理論看成是傳統，那麼費氏所講的不可共量間的關係，與他以傳統為論述單位的政治（或民主）相對主義❸❸之論述，是非常類似的。然而，如費氏後來所主張，傳統並非一定義清楚、靜止非變動的框

架，本書作者認爲正是人們忽略了這一點，才使得不可共量性通往哲學相對主義。費氏的結論主要是，我們應採取間接例示、事後描述的方式來詮釋不可共量性，我們僅有事後之明的故事。對於堅持用明確分析的邏輯、語意理論，或者論證不可共量的那種想法，會將費氏心裡所想的關於歷史描述的不可共量性概念，轉成哲學相對主義概念。關於對哲學相對主義的分析、批判，則待第四章裡闡述。

　　不可否認的，早期費氏的不可共量性的確是傾向於抽象論證、作針對「意義」的探討，這與孔恩是有所差別的。費氏認爲孔恩注意到，不同的典範1.使用了無法產生包含（inclusion）、相斥（exclusion）、相疊（overlap）等通常邏輯關係的概念；2.使我們以不同的方式看待事物（不同典範中的研究人員不僅有不同的觀念，而且有不同的知覺）；3.包含不同的方法（從事研究的思想工具和物質工具），以便進行研究和評價研究

的成果（SFS: 66-67; SFS＇: 85）。孔恩的不可
共量性包含了以上三者，而費氏則僅止於第
一個領域而已。

　　一九六〇年代的費氏，並非一個相對主
義者，儘管他當時提出不可共量性此概念，
因而與孔恩都被認為是相對主義者。按照上
一章所述，早期費氏傾向於規範性的方法
論，而非如孔恩強調科學有其自身標準、程
序；擴大言之，就是費氏心中仍有一套抽
象、普遍規範、準則，獨立於諸實踐、傳統
之外，可以指導、批判實踐。一直到一九七
〇年代中、後期，如前面所指出的，將理論
看待成傳統，並且採取了尊重科學、傳統自
身的態度❸，費氏才成為某種形式的相對主
義者❸。也就是說，早期費氏是抽象論證
的，孔恩才是貼近歷史的。然而，往後的發
展，如前所述，費氏捨棄了舊的工具，轉向
歷史的描述來看齊❸。我們可以將早期費氏
的作法，看成僅是利用正統觀點的架構，來
批評正統觀點，亦即是作反面的論證，主要

在表明該架構的粗糙、不合理㊲。所以，導出一個不可共量的困境，無法用既存的概念去明確定義、分析的難題。也許費氏一開始，有可能是在作正面論證，在遭受質疑之後，認識到語意論證、抽象論證的局限之後，才開始認識到他要談的是這些既有工具以外的領域，所以之前的論證僅作為一個負面的論證，期待新語言、新工具發明的轉折點。困難變成新理論、概念的起點。

不管如何，費氏再三強調，不可共量性僅對於強調邏輯演繹、說明、化約、內容比較的，對科學哲學家們（或意義理論家）才是困難；對於科學家而言從來都不是困難。某些哲學家堅持論證中意義的穩定不變，但是科學家深知說一種語言或解釋某種情況代表要遵循規則也要改變規則，他們是跨越哲學家認為無法超越的言說界限，是辯論藝術的專家。另外，若要用不可共量性來普遍說明傳統間遭逢的情況，也未必適當，因為傳統間的互動情況很多，比如：有時候僅僅是

尚未開始（或者不願意）去瞭解對方；並
且，如前所言，說一種語言是應用規則、也
是改變規則，這對傳統而言也同樣適用，傳
統是活的，沒有絕對封閉界限，而且可以改
變擴大傳統的資源，以進行可能的交流、融
合。

註釋

❶早期費氏稱,這個對科學理論的詮釋、觀點,乃是基於一種實在論的觀點,亦即理論聲稱要描述實在的性質,而非僅只是預測的工具(理論沒有意義;或者從觀察那邊獲得意義),而這兩類(實在論與工具論)對科學的詮釋,主要取決於我們方法論上的決斷。要注意的是,費氏並非認為有一不變、獨立於我們的實在,其存在不受研究者所影響。有時費氏類似建構實在論者,認為理論的變化,會帶來世界的變化,或者不同的理論是不同的世界。後來,他以朋友之間的互動來比擬人與對象、人與實在的關係。請參見第四章第三節。

由於本書的重點並不在上述二類詮釋的爭議,所以不多加著墨。另外,也因為,我認為既然語言都是理論的,而工具論、實證論就算否認理論有其自主的意義,還是得承認觀察語言、日常語言這一類擁有意義的理論。因此,不管是實在論、實證論(或工具論),都必須考慮語言所做的本體論承諾,亦即哪些實體是存在的,擁有些什麼性質等。簡而言之,命題I與以下有關意義的敘述,可暫時擱置實在論與實證論(與工具論)的論辯。

❷換一種問法則是,費氏的想法是種牽一髮而動全身的整體論(holism)嗎?

❸引力＝引力常數×M1×M2÷距離平方，M1、M2表
兩物體的質量。

❹因此若要偵測、或判斷意義有無變化，則首先要注意
那些物體或事件被收集或分類的規則，這些規則決定
了物體概念或種類。當理論的改變，仍包含在原先分
類之各類別的外延裡，則意義沒有改變。若是新理論
導致先前理論的所有概念都沒有外延，或者引進了新
規則，因而改變了分類系統，新分類系統無法被詮釋
為，可賦予先前既有類別下物件的屬性，這樣我們就
察覺到意義的改變（參見 1965b: 98）。這裡所描述
的，似乎是一種存有論（或本體論）所承諾存在的實
體之不同的變化。「真正發生的是，T’的存有論
（ontology）〔可能也包括形式論（formalism）〕被T的
存有論（與形式論）所取代，以及T’的形式論（假
設這些描述項與形式論仍被使用）中的描述項
（descriptive elements）之意義的相應改變」（1962a:
44-5; 68）。在此T’為先前的理論，T為後繼的替代理
論。「存有論的改變……常伴隨著概念的改變」
（AM1: 275）。

❺這會牽涉到下面將談到的另一個問題：什麼意思上的
「不一致」？

❻如果有某些語句，不可能全部為真，至少有一為假，
則我們說這些語句之間互相不一致；反之，某些語句
若可能全部為真，則互相一致（林正弘1991:
132ff.）。

❼談到牛頓物理與相對論時，費氏曾說「兩組概念完全不同，彼此沒有邏輯關係」(1962a: 88)。

❽費氏對Shapere論點的看法是：「完全正確」(1965c: 115)，費氏贊同矛盾需要一方否定另一方所主張的，而這必須要有共同的意義，所以不可共量的理論間無法矛盾。而以上的澄清，費氏自言，來自於Shapere給費氏的通信。

❾如果我們要求「不一致」就是「邏輯的不一致」，那麼，我們將無法把不可共量性的理論包括在費氏的替代理論裡。

❿也就是說，訴諸「原則」、「不一致」根本沒有澄清不可共量性，因為似乎這些詞彙反而要按照不可共量性這一概念來重塑。我的建議是，為了避免誤會，乾脆把原則間的關係也稱為不可共量性（非邏輯的不一致、不相容、可比較）。

⓫比較、選擇總是可能的，就通常意謂的主觀比較（例如純粹形式的、結構、美觀、個人偏好、較好用等等由個人特質所主導的比較選擇理由）而言。我們經常在沒有所謂的客觀標準下決定一些事情。或者如前所述，兩事物的不同有許多層面，而這同樣包含許多主觀的面向。這裡的討論並沒有涉及這一方面的比較。要瞭解費氏隨口提及、散落各處的可能比較方式，完整地蒐集、羅列，請見 Preston 1997: 117ff.但要注意的是，費氏的用意在於批判所謂理性客觀的普遍判準，他自己並非要提出新判準，所以對費氏的提議，

不能將其普遍化，或者也毋須對其考慮客觀合理證
成。

⓬除非認為理論（在這裡是背景理論）毋須內在地一
致。

⓭嚴格來說，存在的是前、後對理論的不同詮釋，並沒
有所謂真正的、固定明確的理論內容或詮釋，這在後
面第四節與第四章中，將「理論」視為「傳統」，會
看得更清楚。

⓮可參考 Suppe 1991.

⓯參見AM1: 282.

⓰費氏有一個意義理論嗎？費氏需要一個意義理論嗎？
費氏針對早期他自己對意義的認真討論、諸多著墨的
托辭是，因為意義的主題在科學哲學界裡被廣泛地討
論，所以他也得作一些回應。事實上，費氏後來的說
法總是：他對「意義」沒興趣。儘管費氏傾向維根斯
坦，但費氏始終沒有「一個」明確的「理論」。如果
僅是要作打游擊的批評，的確不需要一套完整的意義
理論。另外，針對以下費氏中、後期的發展，費氏沒
有、也無意構架一套意義理論。
　　針對上述的兩個問題，學者們分歧的看法，可參見
Preston 1997: 25ff.

⓱這裡並不否定邏輯教本將不可共量性納入的可能。

⓲從頭開始是有可能的。然而，畢竟成人有文化的包
袱，但這並非指學不了新把戲，從詮釋學來說，先見
不僅無法避免而且是必要的，但先見並非硬梆梆有明

　　確邊界、牢不可破的框架；反而可被視爲一種模糊、
　　可更動的資源。並參考以下的第2點。

⓳而因爲這一嚴格遵守既存規則的特質,費氏認爲才會
　　有像葛德爾(Goedel)定理那樣的問題。

⓴方萬全(1989)認爲孔恩的詮釋、蒯因的翻譯、戴維
　　森(Donald Davidson)的詮釋基本上都是互通的,都
　　允許擴充所用來詮釋、翻譯的語言,以進行不同文化
　　間的理解、詮釋工作。本書作者認爲,這與費氏所強
　　調的也是類似的。進而,我們可以說,去描述、詮釋
　　異文化的困難,可能無法即時被解決,然而並非就代
　　表永恆困境(我們無法確知)。

㉑延續上一章所介紹的,早期對意義不變性、化約、說
　　明理論的批評。

㉒這裡其實潛藏著,把不可共量當成一種既存的事實、
　　基本的概念,其意義可以對某些人而言是很清楚的,
　　所以毋須(事實上也無法)用其他通常的邏輯概念來
　　定義。所以可以像平常教導小孩子、初學者任何其他
　　日常語彙一樣,用許多描述的方式去表現之。

㉓「我們處理的是邏輯領域以外的現象」(AM3':
　　230)。

㉔可以用表列(list)來記述那些特點,因此表列就是
　　關於對象的知識。每一個部分、特點都是獨立的,可
　　以附加到表上,而不影響既存的知識內容。

㉕比較特別的例子是,在宇宙A裡,人的概念也是身體
　　的各部分(肢體、關節、軀幹)、以及敵人、環境、

情感（包括諸神）的並列集合，後面這些部分是屬於
外在的動因，而人就是諸動因間的交換台；而宇宙B
裡則有一個本質的我、自發能動的我（詳見 AM3:
201-2）。而這個問題似乎可與當代消費社會中的自由
牽連起來，而造成某種價值上的不可共量性，因而也
呼應了費氏認為知識、宇宙觀的選擇是一種倫理的、
生活的選擇。因為，B以外的其他宇宙觀（例如宇宙
A）裡，強調自發能動的我、自主的想法很可能不會
形成、也無法形成（會被認為是荒謬的、或沒有意思
的）。例如，陳素秋（1999）以千里達人為例，來說
明一個藉不斷變動的形相來代表個人的文化，以這種
傳統對比強調自主性的自由之西方傳統（或者彰顯、
完成人的某些本質的自由概念）。從而說明消費社會
裡的自由似乎是轉變成一種沒有區分表象、本質的想
法；自由代表著又多又炫的表象，就像宇宙A裡的
人，愈是見多識廣就表示知識愈豐富。

㉖內容間沒有通常邏輯關係。

㉗類似早期的說法，只是捨棄了邏輯用語（例如原則間
的不一致）。但情況仍是，某種基本原則間的某種對
抗、衝突，在某一宇宙裡，另一宇宙的原則就被廢止
了。至於為何如此，回答同樣僅是：事實俱在。另
外，這裡的原理（普遍原則）用法與前二節的原則、
基本原則並無太大差異（同樣是構造觀點、理論、世
界觀的基本原則，差別僅在於，第一節裡所著重的是
意義決定於原則，這裡所談的是概念、事實、圖像，

是在這些普遍原則的構造下產生），同樣也沒有（或者費氏認為不必要）進一步明確澄清。

㉘如同上一節，除非對該語言作更動、或者擴大。

㉙伯恩斯坦（R. Bernstein）指出其與詮釋學有所匯通之處（Bernstein 1992）。

㉚理論應該可以作進一步修正、批評，工具也得視情況而修改、發明；因此也不能把邏輯這工具當成批判的例外，或者將邏輯這工具一成不變地應用於各種領域。

㉛費氏自言要制訂「我們自己的術語體系」（AM3': 200）。

㉜費氏主要應是指，維根斯坦在《哲學探討》（*Philosophical Investigations*）裡的敘述。

㉝請見第四章第一節。

㉞從「理論的多元主義」到「怎麼都行」、「無政府的知識論」的轉變，請見第一章第四節。

㉟關於費氏早期反相對主義的傾向，認為讓科哲按照自身標準行事，會導致保守、故步自封，使所有事物保持原地踏步，因而損壞方法論的批判力，還可參見Preston 1997: 122, 217.

㊱相反地，費氏認為孔恩後來有時卻想用理論來論證不可共量性。

㊲費氏的懷疑論、批判策略，一向寄生於別人認定的事實、使用的架構上，而費氏無需承認、支持這些論證的前提。

第三章
對批判理性主義的
理性批判

知識論，或者說我們所接受的知識之結
構，立基於倫理的（ethical）決斷。
（1961: 71）

　　如果我說費氏才有批判精神，才是道地
的批判理性主義者，這恐怕會引起一陣嘲
笑。人們會說，只是因為柏波爾名氣大，大
家才會知道他有個背叛的門徒（費氏），費氏
怎會是批判理性主義者呢？這若在聲勢浩大
的柏波爾門徒下，恐怕會有兩極化的看法：
看！他終究還是回來了（或者逃不出手掌
心？）；不！我們才不要這個惡搞、賣奇弄
巧的人回來（他已經被開除了，不要妄想利
用柏波爾）。

　　的確，信手拈來都可以找到一大堆費氏
批判、諷刺、挖苦柏波爾之處。即使在《反
對方法》第三版（費氏宣稱略去了許多對柏
波爾的批評，因為他沒那麼重要），費氏也不
忘扼要地作個判決。

　　本章的目的正是要探索，費氏對批判理

性主義的種種批判背後，到底藏著什麼樣的
想法，為何要如此大費周章去做這麼多批評
呢？以下依序，先介紹柏波爾的科學哲學
（也就是否證論）的基本內容❶，然後整理費
氏的批評。在第三節，則試圖在紛亂的批評
後，找尋二者的共通之處，有無相似的態
度。進而希望能說明，「費氏是個批判的理
性主義者」這句話若有意思，其意義為何？

一、簡述柏波爾的否證論

（一）教條式（dogmatic）的否證主義❷

所有理論都是猜測的產物，並且科學無
法證明（prove）理論。但是存在著絕對可靠
的經驗基礎或事實，可以用來反證❸
（disprove）理論。教條否證論反對歸納，否
定經驗基礎的確實性可以被傳遞到理論裡，

再多的觀察證據、事實也無法保證一個理論
絕對為真，亦即科學理論無法被證明；但理
論可以被反證，因為只需一個反例，就可證
明理論為錯誤的。因而一個命題是否屬於科
學的，端賴有無被否證的可能，或者說，是
否可以指出某些潛在的否證者（potential
falsifiers）❹。而科學的誠實就在於事先指出
某種實驗，一旦其結果與理論衝突，則該理
論應當被拋棄，而且是無條件的拋棄、沒有
推託的餘地。整理其要點，主要有兩個預設
（P1, P2）以及一個標準（C1）：

    P1：在理論命題與事實（或觀察）命題
       之間，存在著自然的、心理學分
       界。

    P2：如果一個命題符合心理學是事實
       （或觀察）命題的標準，此命題就是
       真的；亦即從事實獲得證明。

    C1：劃界 ❺ 標準（d e m a r c a t i o n
       criterion）：只有禁止（forbid）了

某些可觀察的事態，亦即實際上可
以反證的理論，才是科學的（詳見
Lakatos 1970: 97-8），也就是說以可
否證性（falsifiability）作為科學與
非科學的分界（Popper 1968: 40）。

（二）方法論否證主義❻

由於命題只能從其它命題中推出（亦即
邏輯關係只存於命題之間），無法從事實中推
出，所以無法靠實驗、經驗明確決定或證明
命題的真值（參見 Popper 1968: 43, 93-5,
105）。既然事實命題無法證明，那麼它們就
是有可能錯誤的（fallible）；沒有絕對的基
礎可供證明理論，當然也無法絕對地反證理
論。因此，方法論否證主義者並非證明主義
者，絕沒有關於「實驗證明」的確切事實之
幻想。針對上述P2的修正❼是，靠著約定某
些時空單稱命題，使之成為不可否證的，亦
即所謂的基本陳述（basic statement）❽：只

要人們掌握了相關聯的技巧，就可以一致決
定接受的陳述。

　　而包含在做出此基本陳述裡的實驗技
巧、與待檢驗理論無關的理論等等，我們則
暫時視爲沒有問題的背景知識，亦即劃分
「待檢驗理論」與不成問題的背景知識。因此
也對P1做了修正，基本陳述與理論命題間的
區分，僅只是約定的區分。

　　我們可以說，對證明主義者而言，否證
論帶著約定主義色彩的基本陳述就像「椿子
打在泥沼中」，沒有絕對的基礎❾。對教條否
證主義而言，一個理論被反證了，該理論就
是假的；但對方法論否證主義而言，被否證
的理論仍有可能是眞的。否證或反駁
（rejection）與絕對地反證（disproof）對方法
論否證主義而言是二回事，對教條否證主義
而言則是同一件事。

　　除了可否證性以外，否證論還要求理論
內容的增加：1.新理論的經驗內容需超過舊
的理論（或者相競爭的理論）❿；2.超過舊

理論的經驗內容裡，至少某些部分得到證實。這樣新理論才是可接受的，這種轉變才是科學的。

當理論遇到反例時，會有拯救理論的輔助假說，否證論的策略是避免特設性假說（ad hoc hypothesis）：拯救了理論的輔助假設，若符合某些定義好的條件❶，則代表了進步；若不符合條件，就代表退化，稱這類會造成退化的假設為特設性假說，而採用特設性假說是不科學的。例如，採用上述關於內容增加的要求：若後續新理論都符合第一點的話，就是理論上的進步；若新理論進而符合第二點，則稱之為經驗上的進步。符合這兩者，就是進步的；但至少要有理論上的進步，我們才能說，這樣的理論轉變是科學的，否則就是非科學、偽科學的。

否證論大抵強調，科學不是可證明、可驗證的，但可以被否證，並且以可否證與否作為科學、非科學的分界。否證的標準必須事先規定好，而且當那些否證的情況如果真

被觀察到了，就意味著該理論被反駁。科學的誠實就在於事先指出某種實驗，一旦其結果與理論衝突，則該理論應當被拋棄，而且是無條件的拋棄、沒有推託的餘地。否證論的要點按照費氏的說法就是，1.認真看待否證：一旦理論與公認的基本陳述相矛盾，理論應該被捨棄；2.要求內容增加；3.禁止特設性假說（參見 AM3: 151ff.；AM3': 179）。

二、費氏對柏波爾否證論的批評

第一，費氏認為柏波爾較專技化的（technical）科學哲學——否證論，其主要目的再也不是瞭解科學，或對科學有所助益；也不太著重與科學實踐比較，因而遠離了科學實踐。

柏波爾關心的是科學的「邏輯」，而非關於科學的實踐；柏波爾的理論，主要並不是

想成為描述的、歷史的理論，或者是被歷史
支持的理論。他理論的重點是，歸納主義者
是行不通的，而柏氏本人的想法至少在邏輯
上是可能的，決定理論之否證與否，純粹是
邏輯的（FTR: 169-70），柏氏待在邏輯實證
論的架構⓬裡，開始他的專技性建議：把劃
界問題從歸納問題那裡分離開來，用可否證
性來解決劃界問題，並以大膽猜測、嚴格試
驗的方法來替代歸納法。這仍然是專技性
的：因為使用實證論喜好的邏輯術語，並且
跟隨著實證論，用邏輯拙劣的圖像來代替科
學實踐。費氏認為柏波爾的貢獻，就算有也
是在驗證（confirmation）理論上，而非科學
實踐（FTR: 190；SFS: 202；PP2: 85, 196；
1975d: 11）。

遠離科學實踐這一點有嚴重後果，例如
柏波爾對於科學與非科學的分界，將使得許
多重要的科學成果根本無法列入他所謂的科
學而成為非科學、形上學，因為許多科學案
例不符合否證論的圖式。另外，沒有明顯分

界的文化未必就發展得不好（PP2: 21-2），更凸顯了劃界並非必要。

進一步考慮下列接續的各項批評，可以發現否證論遠離科學實踐的結果是，不僅與科學史實不符，而且恪遵否證論也是窒礙難行，因此嚴格遵循否證論會取消我們所知道的科學⓭。

第二，科學「理論的更替，並不總是透過否證」（PP2: 22）。許多案例顯示，並非僅靠一個反例就捨棄了理論（理論通常有許多異例、反常現象）；決定採取一個新理論的過程非常複雜，摻雜許多人不同的意見、作為形成的，當時並非有一個決定性的事實來放棄舊理論。

又例如，考察哥白尼時代的天文學中，真的有新的觀測、新證據嗎？這觀測有提出新問題，而哥白尼解決了嗎？1.考察星表，哥白尼之後的星表並未優於先前的星表；2.哥白尼本人不但沒有批評托勒密未能做出正確預測，反而說托氏的理論符合數據資料。

哥白尼沒有列舉促使他修改天文學的新觀測，反而認為要牢牢把握古人留下來的觀察（SFS：: 53-4）。亦即，並非由於新觀測、新反例，造成理論的困難而開啟哥白尼的新理論。

第三，「一個假說的意義，經常只有在導致淘汰該假說的過程完成之後，才變得比較明白」（PP2: 23）。我們可以問道，什麼才構成一個反例？例如，白烏鴉駁斥了「所有烏鴉都是黑的」此假說，但問題是怎樣才算是白烏鴉？被油漆染成白的算不算？掉到麵粉堆的烏鴉算不算？等等之類的問題等著我們去研究、決定，亦即一個基本陳述等著我們做決斷，而此決斷牽涉否證該假說與否。同時，也因為基本陳述（潛在否證者）乃是相對於理論的，亦即基本陳述的內容是理論所禁止的事態，換句話說，基本陳述的內容牽涉著理論的內容（或者乾脆說，理論的內容就是潛在否證者的內容）。因此我們對基本陳述或潛在否證者做的決斷（或約定），事實

上也正在決定受檢驗理論的內容。因此事先清清楚楚、明明白白的規定,或者邏輯分析內容是不可能的,否證無法事先的規定完備;而所謂發現脈絡也因而與證成的脈絡無法決然二分。

第四,「許多案例裡❶,轉向新理論牽涉著普遍原則的改變,因而也切斷了該理論與先前理論內容的邏輯連結(logical links)」(PP2: 23),也就是所謂的不可共量性❶。這對著重邏輯的科學哲學的專門術語(例如內容增加、逼真性)有所衝突;因為那些概念、術語所處理討論的是關於內容的邏輯關係,而不可共量性則表明了理論間沒有尋常邏輯關係的情形。

第五,「內容增加的要求也不會得到滿足」(AM3: 155),「科學理論的內容並非總是在增加,內容有時縮減了」❶ (PP2: 23)。一個剛起跑的理論,常常未必能像先前成熟的理論有豐富的內容,而僅有一些侷限於某狹隘領域的事實(新理論擅長之處)來

支持，慢慢才會開疆擴土。更何況，有可能
不包括先前理論所解釋過的問題，因為新理
論可有自己的本體論（自己定義的實體）、新
提出的問題、自己感興趣的方向。以簡圖來
表示的話，柏波爾（包含邏輯實證論）認為
前後理論的關係像是**圖一**或**圖二**：

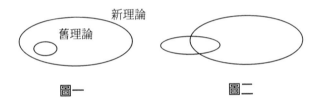

圖一　　　　　　　　　圖二

　　費氏則認為，由第四及第五點來看的
話，更像是**圖三**，D域表示舊理論那些仍被
記住，但已被歪曲來適合新理論架構的問題
與事實，而正是這個錯覺造成對內容增加的
要求持續的存在著（AM3': 183-5）。

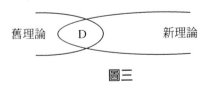

圖三

　　第六，在許多案例裡，「十分清楚看到
了對特設性假說的需要」（AM3': 185），一
個理論不僅在發展早期會遭遇許多的困難，
甚至可以說，經常處在異例的海洋之中。要
讓一個科學繼續發展，利用特設性的假說是
必要的程序，「特設性調整經常是正確的步
驟」（PP2: 23），創造一個事實與理論相接觸
的嘗試區，待來日可以有更多的資料、可以
做更好的解釋；當然也有可能繼續地被保
留，或者被新理論重新定義。

　　第七，「只有當反駁的實例，像大地震
一般很少、且間隔很長地發生……尋找反
駁、並且認真看待它們的要求，才會導致穩
定的成長」（PP: 224），就像頻繁的流血、暴
力革命會造成社會、國家動盪不安，經濟、
民主都無法獲得安穩的發展。然而實際的情
況是，理論被異例的海洋所環繞，所以我們
不能採取上述否證論的態度。

　　第八，「對不斷增加〔內容〕的要求，
只有在量與質都無限的世界裡才有意義。在

一個包含有限數目的基本性質或元素
（elements）的有限世界裡，首要目標乃是找
出這些元素，然後藉著特設性假說之助，顯
示新奇事實如何可以被化約為這些元素」
（PP2: 24），亦即所謂增加原先理論所不能解
釋的內容（需靠新理論才能解釋的），類似這
種要求終不適用於有限世界。

也就是說我們有兩種情形：1.有限的宇
宙：存在著其它說明所依賴的基本說明、或
最終說明；2.無限的宇宙：我們沒有單一的
說明，僅有無限的、永不終止的序列。費氏
認為第二種宇宙論才能配合否證論，反過來
說，正因為如此批判理性主義者才支持第二
種宇宙論。但是這種宇宙論的背景被忽略
了；事實上，在第一種宇宙論裡，批判理性
主義者是沒意思的、錯誤的；其宣稱沒有本
質、最終的實在理論也是錯誤的（SFS: 38-
9）。

第九，一個許多人跟隨、獲得許多成
功、具影響力的理論，請其跟隨者尋找否證

事例是會很有收穫的。相反地，支持一個被許多困難威脅、並非是清楚明白的科學（或可否證）的理論，也可能同樣有豐富成果。否證僅只是許多可能有幫助的步法中的一個（FTR: 170-2）。

第十，以哥白尼革命為例，否證論過於簡化，同樣與其它主要科學哲學理論都假定了：1.採用單一標準就可以說明複雜的過程。事實上，這些過程涉及不同領域（費氏區分為宇宙論、物理學、天文學、星表、光學、神學等）的專家（有不同的意見），而且這些領域是局部獨立的，有不同的標準，發展也不一致；2.還假定這標準，不管是在大變動的前、後，始終為人所接受（SFS＇: 52-3）。

第十一，柏波爾用來支持他否證論的例子是常有問題的，例如：「愛因斯坦說，如果紅移效應在白矮星的考察中，沒有被觀察到，那麼他的廣義相對論就會被反駁」（Popper 1989: 49），費氏認為不僅他不確知

其出處爲何，而且與愛因斯坦在其它地方的
論調非常不一致。例如費氏指出，愛因斯坦
曾說道：「實在令人納罕的是，人通常對最
強有力的論證充耳不聞，卻總是傾向過於高
估測量」，「物的理性遠遠超過證實的微小效
應」，「經驗事實〔給科學家〕規定的外部條
件，不允許他在構造概念世界時墨守一種認
識論體系，因而被捆住手腳。所以，在這體
系的認識論者看來，他必定像一個典型的機
會主義者……」（AM3: 10, 42-3; AM3´: 1-2,
53, 55-6; FTR: 189），實在很難說愛因斯坦像
是一個否證論者**⓱**。

　　第十二，前有古人：否證論的基本要
素，理論爲猜測的，並強調反面事例、否定
論據的作用，費氏認爲這些猜測與反駁的要
素在穆勒的《邏輯系統》（*System of Logic*）
裡均可以找到（PP1: 142; PP2: 194）。費氏認
爲柏波爾的想法，只是一些前人的選擇性綜
合，例如：穆勒的假設演繹法（hypothetico-
deductive method）以及對否定論據（negative

argument）的強調、某些科學家用來反對特設性假設的陳述等（PP2: 21）。

第十三，我們可以問道「按照一種批判理性主義的規則生活，這是值得擁有的嗎？」，答案對費氏而言是否定的，他說道：「如果我們考察人的興趣、特別是其自由（擺脫飢餓、絕望，擺脫閉塞的意識形態之專制的自由，不是學術性的『意志自由』）的問題，那麼我們是在按最糟糕不過的方式行事」。「難道我作為大自然的一個客觀的〔即一個批判理性的〕觀察者的活動，不會削弱我作為一個人的力量嗎」（AM3: 153-4；AM3': 182-3）？也就是說，「可以用倫理的或政治的理由，來拒斥內容增加、對觀念作實在論詮釋」（PP2: 24）等要求，亦即可以用有關生活方式、價值的選擇來決定對否證論（或是批判理性主義）的取捨。費氏認為這一點是最具決定性的⓲。

三、眞正的批判理性主義者？

（一）沒有交集嗎？

乍看之下費氏與柏波爾似乎完全敵對，然而兩者未必沒有共同立足點。早期費氏的確跟隨著柏波爾的腳步、受其影響（KT: 89; PP1: ix; 1963b: 106），強調否證、批判❶，難怪拉卡托斯稱費氏曾對否證論的宣傳貢獻良多（Lakatos 1970: 115）。但我這裡要談的並不是早期的費氏，而是要談開始批評柏波爾的費氏，亦即較成熟的費氏與柏波爾的關係。

回到專技面的科學哲學——否證論，柏波爾帶著約定主義色彩的基本陳述，意味著所有陳述都是理論的，而這與費氏「觀察陳述都是理論的」（PP1: x）相同。柏波爾「強

調所有觀察以及所有觀察陳述的猜想特性與
理論特性 ❷……一切語言都是滲透理論的」
（Popper 1989: 39），「包括觀察在內的所有
知識都滲透了理論」，就廣義的理論而言，甚
至傾向、感覺也都滲透理論（Ibid.: 92-3），
或者說「所有觀察都涉及依據理論而得出的
詮釋」（Ibid.: 375）。也就是說，柏波爾之所
以認為沒有觀察命題與理論命題的自然區
分，而僅只有約定的區分，那就是因為一切
陳述都是理論的，而需靠約定、決斷來做一
些區分，區分出暫時可靠的背景知識、觀察
陳述，以此來評斷待檢驗的理論。

　　觀察陳述也是理論的，這代表了觀察陳
述也是猜測的，可能錯誤的。所有陳述都是
可能錯誤的。所以柏波爾說道，「我們是可
能錯誤的（fallible）」，我們的選擇會犯錯，
我們並不擁有確定性，「我們會犯錯，而追
求確定性是一種錯誤的追求」（Popper 1961:
374-5）。也因此，沒有什麼是最終的，所以
科學理論要進一步加以懷疑、批判，所謂觀

察的基本陳述同樣也可以進一步加以考察
❹，「沒有什麼可以被排除在批判之外，或
應該被排除，甚至連批判方法的原則本身」
（Ibid.: 379）都不例外。

在這「一切都是可能會錯誤的」聲調
中，費氏也隨聲唱和。到這裡為止，兩者幾
乎沒有什麼不同。柏波爾進一步認為，不存
在確實的經驗基礎，並不代表理論間的取捨
就是任意的；進一步而言，不存在真理的普
遍判準，也推論不出在相競爭理論間的選擇
是任意的，這裡費氏也會同意。另外，柏波
爾認為一切的批判都依賴於某些假設、理
論，而這些假設、理論有可能錯誤的，儘管
如此，批判仍然可能，因為有效批判並不要
求證明所使用的假設。這與費氏的「以子之
矛，攻子之盾」的精神也都相通。

因此，費氏與柏氏二者的出發點幾乎沒
有什麼差別。然而，我認為問題出在柏波爾
過於擔心沒有確實、普遍判準可供抉擇，他
急於去證明那並不代表選擇是任意的、武斷

的。因此產生一個成為新普遍教條的否證論，儘管他強調沒有事物可免於批判，他的理論也不例外，但通常的情況是：在他看來，批評否證論不太可能（Popper 1961: 376ff.）。

柏波爾極力去捍衛新的合理性、客觀、標準，要證明選擇是理性的，我們可以學習、可以趨近真理，知識可以獲得成長（參見Popper 1961），這一切努力似乎都走上回頭路❷。「沒有真理、判準、客觀，並不代表任意、隨便」，儘管費氏也同意這點，但與柏波爾不同，他維持了對標準、真理的懷疑，認為陳述都是可能錯誤的；並認為存在著各種標準，來自於研究過程本身，而非來自於抽象的合理性（SFS': 133-4）。就像對「理論」可以批評、發明新的理論，靠著創新、機智、對細節的掌握，也可以對現有的「標準」做出判斷、改進、更新等。沒有原則沒有例外，費氏並不像柏波爾急於去捍衛合理性等議題，而違反了自己原先的主張：反

對認為存在著普遍的、不變的、適用一切情
況的原則的想法。亦即沒有單一方法，沒有
絕對可靠的基礎。

　　就專技性的科學哲學方面，我們可以跟
隨費氏說，這符合穆勒的精神，亦即《論自
由》的論證，一種帶著懷疑論色彩的想法：
我們不能預設自己不可能錯誤。費氏認為從
穆勒到柏波爾是一種後退，費氏指出二者差
異如下：1.穆勒更靠近科學實踐，儘管穆勒
是用較一般性的理論來表述；相反的，柏波
爾僅只關心特定邏輯問題；2.穆勒並提供對
標準的批判（亦即標準也是可以批判、改變
的；不僅是因為可誤的，也因為要隨歷史情
況不同），儘管沒有特別指明用哪些方式；柏
波爾的比較標準是硬梆梆的、固定的，非隨
歷史情境而定；3.穆勒強調多元的理論與事
實，而非單一理論與事實的對抗；柏波爾的
標準想要把競爭者一次清除也永遠清除；4.
穆勒允許評估那些無法寫下來的科學元素，
亦即不只分析書面的公式、理論發展（屬於

科學的成果；或者稱爲知識）（1975d: 12-3; PP2: 196-7; 1984: 141）。

費氏並且利用上一節有限、無限的宇宙論點，來說明穆勒與柏波爾的關係。除了上一節說過，在《邏輯系統》裡，穆勒的思想已包含猜測與反駁的要素。更進一步的，穆勒認爲假說或猜測不是科學知識的唯一組成，假說可以透過展示沒有其它假設符合事實的唯一證明，而成爲歸納眞理。在這裡，費氏補充地說，參酌《論自由》的精神（人類的可錯性），可以認爲這種證明不是最終定論，也不是多元增生的阻礙：某種觀點代表歸納眞理的想法，對穆勒而言是有可能錯誤的想法，並且可透過進一步的研究來修正。穆勒與柏波爾的差別在於，柏波爾拒斥穆勒的歸納眞理，柏波爾斷言所有科學陳述都是、也應該是假設性的，因此頂多接受並重複了穆勒部分的方法論。柏波爾反對特設性假說也是與此相關的，因爲特設性假說如同歸納眞理的想法，只會妨礙對既有理論的批

判、修正，阻止進步。柏氏的反對、嫌惡在
（質與量）無限的宇宙裡是很有意義的，因為
它教導我們不要滿足於已征服的疆域，而要
向未知邁進；但在有限宇宙裡、有限的探索
工具，這樣的探查就沒有意思了。穆勒的方
法論工具箱裡有應付這兩種世界的工具，所
以比柏波爾的工具箱豐富多了（詳見 PP1:
143）。

在科學哲學的領域裡，柏波爾並沒有批
評自己的批判理性主義（亦即否證論），然而
如上一節所表述，費氏做到了。另外，柏波
爾並不懷疑邏輯，他並不同意邏輯是一種遊
戲、選擇、約定的（Popper 1989: 385-6），認
為邏輯應該被遵守；另一方面，費氏則進一
步表明，如果理論是可能錯誤的，或知識也
屬演化過程的一部分，那麼就連其最基本的
組成如邏輯律則、算數律則、或者論證
（argument）的使用等，都應該被視為是暫時
的，而且需要進一步的改進，在未來將會被
克服、超越（PP2: 192）。費氏還進一步指出

另一種選擇，也就是人們可以不用探詢陳述間的關係（包括邏輯關係），而將陳述一個一個分開看待❷（TDK: 149-51），或者說不需進一步探詢陳述、或物體間的抽象關係❷。柏波爾悖離了其與穆勒、費氏三人的共同精神：所謂的懷疑精神、強調人的可能錯誤性。柏氏的理論、看法成為新判準、新教條，也遠離了科學實踐。

　　事實上，若我們把握住基本精神，柏波爾與費氏兩者會是一致的。所以費氏會說：「怎麼都行是……批判理性主義明顯的實際後果」（PP2: 21），也就是說把握著懷疑、批判的精神，不能預設不可能錯誤就是表明原則有其局限、例外；而貼近科學實踐的研究，更清清楚楚地表明了這一點。而柏波爾也說：「我是一個科學方法的教授——但我有一個問題：沒有科學方法」，「然而，有一些簡單的憑經驗估量的原則（rules of thumb），十分地有幫助」（KT: 88）。沒有科學方法就是指著沒有單一普遍適用的原則，也就是費

氏強調的怎麼都行——沒有原則沒有局限、
例外。所以費氏會認為對否證論的詮釋有兩
種版本：1.對科學家有用的提示，科學家可
以採納，但科學家也可以針對問題的需要，
而捨棄之㉕；2.理性途徑必須的條件，所有
重要科學實踐的不變性質。柏波爾常常是這
樣詮釋的。第二種乃是費氏不能接受的版本
（PP2: 22; TDK: 154）。柏波爾也同意，基本
上他所受到的批評沒有錯，否證論只是一種
指引或粗略而實際的方法，有時管用，有時
毫無用處（Horgan 1997: 54）。

　　我們可以說，費氏在科學哲學方面的研
究，從柏波爾回到了穆勒，著重了實踐，認
識到理論是一系列的，並強調了真正的多元
㉖，要求與競爭者的相互評價。而「反對方
法」正表明了他對科學實踐的研究成果：沒
有原則沒有例外。在科學哲學上，費氏循著
穆勒的大脈絡，但較穆勒有更深的歷史瞭
解，更多的細節研究。並且將《論自由》的
精神推到任何領域，而不像穆勒對數學還有

所保留。我們可以將三者的關係簡繪如下：

Popper $<-$ Mill $--$$>$ Feyerabend

$--------------$$>$

　　讓我們回到柏波爾較為寬廣的批判理性主義：「要求儘可能的批判態度」（Popper 1992: 116），將批判態度不僅應用到科學，還應用到政治、社會等各個領域。並強調人是不完美的、會犯錯的，而且價值多元的衝突無法避免。

　　但柏波爾視科學發展為人類重要的事件，並且認為「我選擇西方文明、科學、民主」（轉引自 FTR: 163），而文明、科學正是符合批判精神，西方社會是屬於檢視、批判各方面的「開放社會」。那些依賴於相對穩定機制、習俗、信念，沒有盡力批判的社會則是「封閉社會」❷。

　　儘管柏波爾也意識到某些問題，例如傳統賦予人們生活的意義，而對傳統的批判、

改變是有得有失的，例如削弱了人的接觸，
拉遠了人與大自然的距離等。但他認為人們
總必須要付出些代價。至於針對那些不願付
出代價的文化，柏氏認為必須強迫他們放棄
部落習俗，甚至採用「某種帝國主義的方式」
（FTR: 15, 62, 163；Popper 1966: 181）。

這說明了一件事，如同在科學哲學領域
中，柏波爾並沒有把持住原來的懷疑精神：
理論是可能錯誤的，原則都有其局限、例
外；反而堅持科學應該如否證論所言，並且
其它民族應該向西方看齊。柏波爾將其批判
理性主義教條化、普遍化，批判理性主義已
變成一基本教義派，如果對方不知其教義，
或不知如何使用，則必須被教育。這意味
著，除非對方與批判理性主義的程序一致，
否則對方並沒有被認真看待（SFS: 82）。柏
氏悖離了原先的懷疑的、強調無法完全免於
錯誤的精神──在政治、社會、文化上就是
強調多元、多樣性、寬容、尊重的精神。另
一方面，費氏不僅對否證論做出了批判，也

對科學做出了批判，認為科學不應該成為當代的宗教，科學不應成為獨斷權威，科學應與國家分離，而民主可以監督科學。同時針對其它文化，費氏認為應尊重對方，強調多樣性、多元，因而維護真正的自由民主精神。

針對否證論，費氏挖掘了與之配合的無限的宇宙論❷⑧；推擴而言，我們也可以說，批判理性主義不適用於有限的宇宙論。同樣地，我們也可以倫理或政治的理由❷⑨來拒絕批判理性主義。所以如上所述，其它的非西方傳統，不一定就得照西方文明的方式來過活，也不一定非要科學不可。費氏認為西方世界，應該尊重其它的文化，而其它傳統有權利過他們想要的生活。也因此他對批判理性主義做了真正的批判，亦即表明一個教義有其局限，並且應該能夠對它舉出另外的選擇，以供權衡。公開討論其優、缺點，使其成為可繼續論辯的理論，使其保持活力，而非成為一僵化的教條。在下一章，費氏提出

106-□□

台北市新生南路3段88號5F之6

揚智文化事業股份有限公司 收

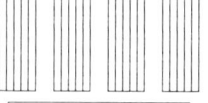

地址：

市 縣

鄉鎮 市區

路(街) 段 巷 弄 號 樓

（請用阿拉伯數字
書寫郵遞區號）

□揚智文化事業股份有限公司 □生智文化事業有限公司

謝謝您購買這本書。

為加強對讀者的服務，請您詳細填寫本卡各欄資料，投入郵筒寄回給我們(免貼郵票)。

E-mail:tn605541@ms6.tisnet.net.tw

網 址:http://www.ycrc.com.tw

（歡迎上網查詢新書資訊，免費加入會員享受購書優惠折扣）

您購買的書名：_____

姓　　名：_____

性　　別：□男　　□女

生　　日：西元_____年___月___日

TEL：(___)_____　　FAX：(___)_____

E-mail： 請填寫以方便提供最新書訊

_____

專業領域：_____

職　　業：□製造業　□銷售業　　□金融業　□資訊業

　　　　　□學生　　□大眾傳播　□自由業　□服務業

　　　　　□軍警　　□公　　　　□教　　　□其他_____

您通常以何種方式購書?

　　　　　□逛 書 店　□劃撥郵購　□電話訂購　□傳真訂購

　　　　　□團體訂購　□網路訂購　□其他_____

　✍對我們的建議：

有關相對主義的建言，為的就是提供另類思考、選項以做眞正的批判，以期對西方理性主義傳統做進一步的反思。

（二）理想的批判理性主義者

「人們會認為批判理性主義者是那些以充滿活力、生氣勃勃的風格來寫作的開放心靈；會考慮合理性的限制；反對傾向宰制社會的科學；會找到表現他們觀點的新方式……；〔人們〕會認為他們是有趣的、增進人們對自由與獨立的渴望此運動之一部分」（TDK: 83ff.），這就是費氏心中想的批判理性主義，我們可稱之為「理想的批判理性主義者」。

而以費氏所見，柏波爾及其門徒並未如上所述，費氏認為他們根本不批判，亦即沒有「發明出把看法放入觀點之中的方法」❸（ invent ways of putting views in perspective）；只要是與他們慣常（標準）的討論不同，他們就拒絕、反對之。也就是

說，那些自稱為批判理性主義者的人在費氏看來，既不正確也不批判，之所以不正確，是因為其說法不符合科學史實、會妨礙科學發展；而說他們不批判，是因為他們沒有對科學懷疑、批判。他們只是獨斷地要把自己的理論推銷到科學，推銷到世界各地。

批判理性主義，勢必批判自身；批判的實踐，無法不涉及對「強烈批判」的質疑。

以此觀點來加以衡量，理想的批判理性主義者，似乎是費氏的寫照。

註釋

❶柏波爾著作甚多，這裡並無意完全析述，不僅因力有
未逮，而且也不需要。本章的目的並非要把柏波爾與
費氏做全盤的比較，主要仍是探討費氏的思想，所以
基本上，是由費氏的角度來看柏波爾，至於費氏對柏
氏的詮釋有無偏頗，則非本章所要處理的。由於筆者
目的乃在於，利用費氏對柏氏的批評，來看出費氏的
本衷、想法，所以他對柏氏的詮釋、批判之曲直對
錯，不會影響到本章目標的達成（即使那些文本是費
氏對稻草人做批評，並無礙於用來詮釋費氏）。第一
節的敘述，主要依賴於拉卡托斯的分析。

❷也就是拉卡托斯所謂的Popper 0，實際上沒有發表
過。

❸教條否證主義其實是某種證明主義者
（justificationism），所以持著某種粗糙地、絕對地否
證（falsify），也就是這裡的反證（disprove）。

❹以待試驗的理論或假設T為前提，並配合一些起始條
件（initial conditions 或譯為先行條件）C1、C2……
Cn，以及其他通過足夠試驗而被接受的輔助前提
P1、P2……Pn，演繹推導出可觀察的語句S。假設輔
助前提被接受，我們則可以定義潛在否證者 PF＝
C1・C2・C3……Cn・~S，"・"表邏輯上的 "And "

，~S表S的否定句，亦即若PF為真，則表示理論遭到
否證。而教條否證主義，就是主張一旦出現~S，則待
檢驗理論遭到反證。

說明：所謂「起始條件」意指應用理論時所需要的其
他條件、變數，例如為了實驗液體中物體浮沈與其密
度的關係，必須先知道物體與液體的質量、體積以求
密度，這些就是起始條件。而「輔助前提」則有可能
是一般同意的看法、或者廣被接受的理論等等，例如
要使用望眼鏡觀察，並相信其結果，必須先確認望眼
鏡的原理、光學理論等。

❺或者譯成分界，以下視行文方便來使用此二譯名。

❻這主要是拉卡托斯所謂的素朴的方法論否證主義
（naive methodological falsificationism），也就是
Popper1，但也包含了拉氏所謂的精緻的方法論否證
主義（Popper 2）某些成分，但如拉氏所說的，真實
的Popper從未達到Popper 2 的水準（我認為Popper 2
反而比較多是拉氏自己的想法），所以這裡對柏波爾
的介紹應屬合理。

以下談到否證主義、否證論時，就是指涉本節的方法
論否證主義。

❼約定主義（conventionism）色彩的修正。

❽可以視為是某種意義下，科學社群約定、共同接受的
觀察語句，本身就是一種理論的語句，由暫時置入括
弧、接受的背景知識所構成；與待檢驗的理論區別開
來。基本上乃互為主體性的，且可重複產生的。要否

證理論，就預設著我們接受一種低階經驗假設
（Popper 1968: 86-7），亦即接受公認的、可重複產生
的基本陳述。

基本陳述（某一可觀察的事項發生於某一特定的個別
時空範圍之內的語句）的特色如下：1.必須是描述個
別事項（individual events，某一特定時空的事項），
而非一般（general）事項；2.可供大眾觀察；3.指涉
具體物，而非抽象體；4.大小適中；5.基本陳述所描
述的性質、狀況，須為大眾的感官所能共同辨認；6.
指涉事項須發生某一適當大小時空範圍（Lin 1993:
63-4）。重點在於，人們或科學社群可以公開地、一
致地獲得關於該基本陳述的意見。

❾針對這一點，可參見 Popper 1968: 111.

❿亦即包含兩部分：1.預言新事實（超出前者的經驗內
容）；2.解釋了先前理論的成功之處，也就是包含了
先前理論未被反駁的部分。

⓫例如，可否證性的程度（degree of falsifiability）
（Popper 1968: 82-3）。

⓬海金（Ian Hacking）曾詳列柏波爾與卡納普的共同點
（Hacking 1994: 6-7）。

⓭費氏的策略就是，經過科學史的研究，指出方法論與
史實不合（實然的批評）；而針對規範性的方法論，
我們也可以同樣透過對科學實踐、科學史的瞭解，瞭
解到其無法照章行事，並且會阻礙了知識的進步（對
規範、應然的批評）。但費氏自己並不需要持著應然

（規範）、實然（描述）二分的觀點。

⓮請注意，就整個科學的發展而言，不可共量性對費氏
而言仍是不常見的，若用孔恩的術語就是革命並不那
麼常發生，這裡的意思應該是許多案例可以支持這個
論點，並非意指不可共量性在科學事業裡頻繁的發
生。

⓯詳見本書第二章。

⓰也有學者稱之爲孔恩損失。

⓱這只是針對柏波爾提出的例子之一所提出的質疑，這
不能被視爲，費氏認爲愛因斯坦的話有決定性的力
量。費氏認爲要研究科學實踐，科學家的想法當然是
研究對象之一，但是科學家對自己的研究、或者對科
學是怎樣的事業，未必有較佳的看法、瞭解，甚至有
時候都被一般看法、科學哲學家所誤導；而且，也不
能就把大牌科學家的話當作金科玉律。所以，主要研
究的是科學家與其實際研究相關的文件、談話，將這
些作爲參考。最後，在這裡所謂的機會主義者的確符
合費氏對科學史變遷的研究。

⓲基本上，費氏認爲儘管理論遭受再多的智識上的批
判、質疑，只要人們願意，總有機會設想出一些可能
出路。所以費氏強調人們基於倫理、價值、生活方式
的選擇才是最主要的。

⓳早期費氏強調批判、規範性的方法論，可參見第一章
第四節。費氏對於科學哲學討論的對象，與柏氏看法
一致：咖啡、音樂等有助於靈感的產生、科學理論的

發明，但與理論的證明無涉，科學哲學、知識論所處理的是「證明」的部分，這可參見 Popper 1968: 31; Feyerabend 1965a: 172.；另外，早期費氏明顯受到柏氏影響，利用批判態度以區分科學與迷思，分別「開放社會」與「封閉社會」，詳見 Feyerabend 1961.

❷⓪「每個描述都使用普遍名詞（或符號、概念）；每個陳述都有理論、假設的特性」（Popper 1968：94-5）。

❷①「在科學裡，不可能有最終的陳述」（Popper 1968: 47）。

❷②而他的科學哲學，亦即如上節所述之否證論，並不那麼合理。並且，所謂趨近真理甚至也沒有意思，因為不知真理為何（無法確認我們已得到真理），如何能接近？另外，所謂的真假內容也只是暫時的約定、可誤的，今天的真內容愈多、愈趨近真理，明日可能是另外一回事。再者，其所謂可錯論的（fallibilistic）絕對主義，更是錯誤的一步，絕對性不應從可錯論中出現。

❷③我們可以將此視為《反對方法》中敘述的那種表列（list）式的想法，其另一種表述。參見第二章第三節。

❷④(1)兩種思想孰好孰壞在這裡是另一回事，這裡主要的是指出，要能瞭解某些原則的局限性，能懷疑、提出批判，能有另類的思考；(2)就算要比較，邏輯思考也未必較好，費氏認為在某些情況下，比較「關係」會耗費大量時間，因而會影響某些生物的競爭能力。

另外，費氏舉了例子，給三個類似的圓形（分別爲正常、有缺口、塗黑），一般人能抽象斷定其形狀爲圓形，但實驗表示某個地方的人將三者看成不同的三種物件（月亮、手銬、硬幣），費氏認爲這基於生活方式的不同，也就是說那些人並非數學家，而是過著須從一些不顯著特徵來辨認物體的生活方式，所以他們的方式是物件導向的，而非抽象思考關係。

㉕也就是如上所說的憑經驗估略的原則。因爲不能避免錯誤，而且原則都免不了有局限、例外，原則也要依靠默會致知的經驗，所以費氏會用這樣的態度來看待原則。另外，我們可以從費氏對柏波爾的批判看出，費氏不僅對否證論提出批判，指出其侷限，並且也認爲不只有否證才可能會導致成功，其他方式也可能會有成果（詳見上一節）。不能將否證論教條化、普遍化。

㉖否證的基礎在於理論與事實的衝突，另一個替代理論對柏波爾而言，僅只是一個能符合其方法論要求且可替代舊理論的新理論；對柏氏而言，理論被否證，但沒有替代理論，這是可能的。也就是說，另一個替代理論在否證的過程中並非是必須的。而費氏則認爲需要一個替代理論，才能有否證（關於費氏的多元主義，參見本書第一章）。也就是說，費氏的精神比較像是穆勒的，強調沒有本質的好，相對的，好需靠相競爭的理論、對手間的相互比較，也就是一種強調多元的精神。而柏波爾的否證主義不僅有可能阻礙多

元，還會因否證而造成沒有另類選項可提供批判，反
而失去了批判精神。

㉗如同對科學、非科學所做的劃界，這裡對生活形式、
文化也做了區分，而批判理性主義都自認爲站在正確
的一方。

　　柏氏急於去分辨什麼才算是科學的、理性的，劃界
（可否證性、批判）在他的書裡總是佔著重要的地
位。他認眞的批判那些內容沒有增加、使用特設性假
說的理論、科學家，嚴屬的批判「不科學」，甚至像
下面將提到的不排除用帝國主義形式來強迫那些不願
成爲開放社會（批判理性）的部落，「劃界」對他而
言非常重要。更何況，面對他所謂的相對主義、懷疑
論的可怕潮流，那更是他捍衛理性的重要武器。

㉘參見第二節第8點。

㉙參見第二節第13點。

㉚亦即想法、原則有其局限性，無法避免錯誤，要能對
理論、想法做出批判、辯論，而批判就代表了能舉出
其他的替代看法、另類思考，以供權衡、比較，才能
看出想法的「片面性」，明瞭理論有其例外、不適用
的時候。

第四章
科學、國家與社會

只要他們〔摩門教徒〕不侵略其他民
族，而且對不滿意其方式的人，許有離
開的完全自由，我就難以看出，除了使
用專制暴虐，人們還能依據什麼原則去
阻礙他們在其所喜愛的法律下生活……
我理會不到任何社群有權逼使另一社群
文明化。只要壞法律下的承受者一天不
向別的社群求助……（Mill 1991: 102）。
如此主張下的真理，毋寧只是一種迷
信，偶然地貼在宣稱真理的字面上。
（Mill 1991: 41）

這種社會暴虐比許多種類的政治壓迫還
可怕，因為它雖不常以極端性的刑罰為
後盾，卻使人們只有更少的逃避辦法，
這是由於它透入生活細節更深得多，由
於它奴役到靈魂本身。因此，僅只防禦
官府的暴虐還不夠；對於得勢輿論和得
勢感想的暴虐，對於社會要藉行政處罰
以外的辦法來把它自己的觀念和行事當
作行為準則來強加於所見不同的人，以

束縛任何與它的方式不相協調的個性的
發展，甚至，假如可能的話，阻止這種
個性的形成，從而迫使一切人物都按照
它自己的模型來剪裁他們自己的這種趨
勢──對於這些，也都需要加以防禦。
（Mill 1986: 5, 1991: 8-9）

　　費氏是少數宣稱主張相對主義的科哲學
者（或科學史家），他是在深具個人獨特風格
的意思上使用「相對主義」一詞。在本章頭
二節裡，首先概述了費氏的相對主義，第三
節則專注於費氏對某類相對主義的批評，如
同後來對不可共量性所持的立場，費氏強調
歷史與事後描述，而反對邏輯抽象論證；並
且主張傳統非一定義明確、封閉、停滯僵固
的實體，反對知識（或真理）是相對的概念
的那種看法。最後，我強調費氏對自由、多
樣性的關注，由此來理解他的相對主義，而
自由社會裡的科學是當代情境中，費氏極重
視的論題❶。

一、費氏的政治相對主義

（一）觀察者與參與者

費氏所要探討的問題，是關於不同傳統（或實踐）遭逢時，傳統間互動、或相互作用的問題。爲了這一考察，他首先區分了以下兩種問題（SFS: 18ff.; SFS'：10ff.）：

1. 觀察者（observer）問題：這類問題關心的是，傳統之間互動的細節；也就是說，觀察者想對這類互動做出「歷史的說明」，或者想提出適用一切互動的經驗律則。

2. 參與者（participant）問題：這類問題涉及的是，一個傳統針對另一個傳統的可能入侵，所應採取的態度。

也就是說，針對傳統間的遭逢、或可能遭逢，觀察者問的是，發生了什麼？將要發生什麼？另一方面，參與者問的則是，我應怎麼辦？支持或反對交流？還是乾脆置之不理，忘掉它？

參與者可以採取「機會主義者」（opportunist）的態度，採取直截了當的實用方式來行事。例如，身處中、西醫混雜下的台灣，我們不必要執意於西方醫學；可考慮有些西方科學還無法瞭解的傳統療法；對病者與其家屬而言，解決他們的問題才是最優先的，該療法之科學與否，無關他們的事。又或者，處於西方列強入侵的清朝，為求國家安全，一開始想師夷之長技以治夷，後來認為要強國，還得進一步引進政治制度，而未必要堅持中國傳統的完整。而在科學研究裡，人們常循著一條特定路線，其實並非此路本質地曲徑通幽，而是一種嘗試的態度，試試看通往何方。支撐這一類參與者之態度的哲學，費氏稱之為「實用主義哲學」

（pragmatic philosophy）。當然，能知變通、不拘泥，有機會看看、考量其他選擇，就表示實用主義的參與者當然也是個觀察者。

可是人們「很難把自己心目中最珍愛的思想，看做一個會變化、也許還是荒謬的傳統之組成部分」（SFS: 19; SFS': 13），因而很少人、團體是上述的實用主義者。例如會有宗教戰爭，大概源於認為別人是邪教、異教、非正統，而以自己的教義為尊；或者像前述的清朝，同樣的情境裡，有的人就認為凡西方的皆不足取，或者認為與中國相異的文化，只是蠻族的低等文化。

然而，西方文化裡有一種區分，是更為激烈的。也就是將傳統、實踐還有個人或集體人類活動的成果，與一個可作用於傳統的非傳統，區分開來。例如宗教的上帝處於一切傳統之外，但能創造人類、開創傳統；而理性主義的理性則是類似上帝的地位，處於傳統之外（所以是客觀的），高於一切，是衡量優劣的永久尺度。而與理性處於相反方的

實踐，則為人類之非完善的產物。

　　這起因於，某一實踐的批評者，對該
「被批評的實踐」採取觀察者的立場，然而他
們卻忘了，他們是某個實踐（提供他們反
對、批評的理由，提供批判武器、火藥庫）
下的參與者。所謂的客觀，就是評價的人，
沒有意識到自己是某種傳統下的參與者。

（二）理性與實踐

　　唯心主義者（idealist）認為應該由理性
來指導實踐（SFS: 24），由合理想法推出合
理行動再得出合理結果，但是他們仍得觀察
實際的情況，觀察他腦中所預期的與實際發
生之間的衝突。結果是，他們腦中的想法不
斷地修正，所謂固定的、普及的理性不斷地
修改、變動。

　　另一方面自然主義者（naturalist）期待
理性由實踐來獲得內容、權威（SFS: 24），
他們研究已實踐的過往、歷史，找出隱藏其
中的原理。但是存在的並不代表合理，某種

實踐的傳統終究會改變或成為過去，風水輪
流轉。自然主義者的態度會趨於保守、故步
自封，且置缺點於不顧。

　　為了突破理性與實踐的二分，有人用兩
者的相互作用來解釋。例如地圖與使用地圖
探險的人，地圖暫且先用一用有問題再改，
理性沒有了實踐會誤入歧途而不自知，實踐
有了理性才能獲得改進。

　　但是指出二者相互作用，其實仍保留了
兩者二分的界線。考慮理性的傳統、理性主
義者對照非理性主義才能顯現自己，才警覺
雖然某一傳統下的個人，腦袋裡總是有著觀
察者的態度，我們絕不能忽略那也是一種參
與者的態度——實踐。理性只能對照著非理
性才能看得出來，理性的批判仍然是一種實
踐，理性的態度、原則、標準就是一種傳
統，或傳統的一部分。於是我們才發現，存
在的是各種不同的傳統，即使是號稱客觀的
科學也是一種實踐的傳統，他們有著自己的
社群、語言，自己的遊戲規則，但是許多人

卻把理性、科學、客觀當作神一樣的崇拜，
當成放之四海、俟諸百世的最終憑藉。

　　由此費氏認為：1.傳統談不上好壞，它
們僅僅是傳統；2.僅當從某個其他傳統的觀
點來看時，它們才成為好的或壞的（SFS: 8,
27; SFS': 4）。亦即，依據某一傳統的價值來
看待世界的參與者，其他傳統在他們眼中，
才會是合意的（desirable）或不合意的。因
為判斷裡沒有提到傳統、忽略了傳統，因而
看起來是客觀的；然而認識到其他不同的傳
統產生不同的判斷，參與者就可以注意到，
意見依賴於傳統的這類主觀性。

　　費氏接著說，「客觀地說，即超脫傳統
地說，在人道主義與反猶太主義之間作選擇
沒有什麼意義」（SFS: 27; SFS': 25）。這並不
表示費氏不批評反猶太主義，他的意思是，
看似觀察者的批評實際上是，某個傳統之參
與者的批評。而所謂客觀地說，是沒有意思
的，因為沒有傳統就沒有好壞的評價。同樣
的，理性也不是獨立傳統之外、超乎傳統的

外的裁判者，其本身就是一個傳統，或者說
傳統的某一方面。

　　既然傳統談不上好壞，傳統就是傳統；
只有在戴上其他傳統的眼鏡時，傳統才會呈
現出肯定、或否定的性質。因此，費氏認
為，「所有的傳統都有平等的權利❷：有些
人按照某種傳統來安排自己的生活，僅這個
事實便足以為該傳統提供它在其中存在的那
個社會的所有基本權利」（SFS: 82; SFS᾽:
110），這就是費氏所謂的「政治相對主義」
❸。

二、費氏的民主相對主義❹

（一）實際相對主義❺

　　R1：個人、團體、整個文明，不管傳統
　　如何強烈地支持他們自己的觀點（不管

論證如何強烈地支持這些觀點），都有可
能從研究異文化、制度、想法中受益。
（FTR: 20-1）

　上述命題並沒有要求、規定對不熟悉之
制度、文化作研究，亦即R1並非規範性的，
也無意將那種對異文化、不同觀點的研究轉
為方法論上的要求。另一方面，那些企圖研
究、瞭解其他文化的人，其動機也未必基於
R1（可能的動機可以有很多）；或者他們也
未必就將其中互動的過程，以R1來表述。

　R1其實說得很少，僅止於指出：研讀其
他文化可能會為我們帶來好處。

（二）政治上的推論

　R2：致力於自由與民主的社會，應該以
「給所有傳統同等機會」的方式來構造，
也就是說，〔所有傳統〕可以平等地接
近聯邦基金、教育制度、基本決定等。
科學被視為許多傳統中的一個，而不是

　　判斷什麼是、什麼不是，什麼可以接
受、什麼不能接受的標準。（FTR: 39）

　　這個命題是針對以自由與民主為基礎的
社會，也就是說將重要事務交給大眾辯論、
決定，並且鼓勵各式各樣傳統的發展之多元
社會。對於沒有自由也過得好好的，居民也
沒有意願要改變他們生活方式的地區，費氏
並不贊成，把所謂的「自由」出口到那類地
區。也就是說，這裡僅只是對自由民主社會
喊話。

　　之所以要給傳統同等機會，我們可以用
R1來支持，也就是說考慮到可能的利益：即
使最奇怪的生活方式也都能提供些好處。亦
即一種類似功利主義的想法。然而，有些人
認為，個人應有作為人的普遍「權利」，亦即
不以個人之有用與否來做考量❻。費氏認
為，把這種權利推擴到傳統上，是很自然
的。個人不只應有同等機會，而應有基本普
遍權利；上述R2認為應該給傳統同等機會，

同樣的，我們也可以認為傳統應有平等權利
❼。所以，費氏建議：

> R3：民主社會應該賦予所有傳統平等權
> 利，而不只是同等機會。（FTR: 40）

　　然而，這裡所謂的權利，不是由哲學
家、立法者紙上談兵的空想得出；權利的細
節、內容是在特定歷史情境裡，由相關人
員、黨派所做的政治討論中產生❽。R2與R3
並非絕對的命令，而是依賴於所產生的環
境、當時的工具來實現的提議（proposal），
是可以進一步修正、改變，而且可以有例外
的。

（三）民主相對主義

> R4：公民，而非特殊團體，對他們的社
> 會而言，什麼是真、或假，什麼是有
> 用、無用，有最終裁決權。（FTR: 59）

　　之所以稱為相對主義，是因為認為不同

的城市、社會可以有不同的看世界的方式；
而冠上民主，則是指基本預設取決於所有公
民。民主相對主義對西方世界而言，有很多
要說的；然而這並非唯一的生活方式。

三、關於相對主義的批評

（一）相對主義概說

> 人是萬物的尺度，存在時萬物存在，不
> 存在時萬物不存在。（*Theaetetus 152a；*
> 《古希臘哲學》181）

　　據載這句話出自古希臘智者（或詭辯學
者 Sophist）普羅塔哥拉斯（Protagoras），由
於其原本著述已不在，所以詮釋可以有很大
空間。或者富有人本思想，或者充滿懷疑主
義精神、經驗主義等，如果在對照其餘他所

流傳下來的話，還可找出實用主義、價值多
元等含意。但是在絕對主義者的眼中，這句
話是無可救藥、惑亂人心的，早就被駁斥的
相對主義之源。

在柏拉圖（Plato）的《泰阿泰德》
（*Theaetetus*）篇中，蘇格拉底（Socrates）對
普氏的這句話作出被認為是相對主義的詮釋
❾，並給了一個精彩的判決，從此相對主義
只是一個自我駁斥、矛盾的理論，不應登大
雅之堂。蘇格拉底認為這句話的意思是說，
風對於「覺得冷的人」來說是冷的，對「不
覺得冷的人」來說是不冷的，而非說風自身
是冷、或不冷。亦即事物就是每個感知者所
感知的樣子，或者說事物相對於每個人，而
且每個人的感知、意見都為真。1.既然每個
人都是對的，為什麼要聽普羅塔哥拉斯的
話？2.為什麼不說豬、狗是萬物的尺度？或
者說普羅塔哥拉斯並不比一隻蝌蚪聰明？亦
即其他生物也有感知能力，為何他的話僅適
用於人類呢？如果相對於每個感知者的話，

人類就無甚高明、優越了。

> 一切理論都有其對立的說法（同一事物
> 有相反說法），既摧毀其自身又摧毀了其
> 他理論。（《古希臘哲學》184-185）

　　相對主義一般的自我駁斥、矛盾、謬誤
的形式如下：「一切均相對地為真」，亦即沒
有在各種情形下皆適用的普遍、絕對真理，
如果這個命題成立，則這句話本身也是相對
的，就不能斷言『一切』均相對。或者用另
一個形式來說，命題P：「『真理相對於文化』
是真的」（Harré & Krause 1996: 28），1.若P是
相對的，那P僅限於某個文化下才成立、有
效，那就會有真理不相對於文化的時候；2.
若P是絕對的，亦即不相對於文化，則P是錯
的。

　　這就是最初也是最後的審判了嗎？相對
主義只是世局混亂、人心惶惶的囈語而已？
相對主義者不認為如此，他們認為有好理由
證成相對主義，並且相對主義才是正確的一

方。以下闡釋一些相對主義者可能採取的步驟。

普羅塔哥拉斯在上文中被詮釋成「主觀」的相對主義，亦即「真」就等於「某人相信、感知」，於是世界變成每個人自行其是，沒有了意見（belief）與真理（truth）的區別。雖然筆者認為主觀、個人的相對主義無甚趣味，因為語言、知識、道德只有在一群人中才有意義可言，但這並非上述批評的重點所在。所以不考慮這一點，循著這略微簡化的討論，若僅就那種自我矛盾的指責而言，定論、判決仍嫌太早。

因為如果我們要維持意見與真理的區別，也就是要維持：1.存在著「現在沒人相信」的真命題，這是可能的；2.某些人相信的某些命題事實上是錯誤的，這也是可能的。但我們要去除絕對主義，改成相對主義的語彙，則可以寫成：1.存在著「現在甲不相信」，但對甲為真的命題；2.甲相信的某些命題，對甲而言為錯誤、邏輯真值為假

（Meiland & Krausz 1982: 81-83）。

　　這樣我們仍維持了意見與眞理的區別，也就是「眞」不只是某人相信而已，眞是相對於某甲的判準，當然這可以應用到語言、文化、社群等大單位之上，而可以去除以個人爲單位的缺點。當然以上論點並未完整，因爲相對於某甲的什麼判準呢？如何去識別那些判準？誰去識別、判斷呢？某甲自己知道嗎？某甲眞的有個人固定的框架、判準嗎？但我在這裡僅只是想指出，相對主義還有許多空間，以及他們所認爲的論證方向。

　　又例如上面談到「一切均相對地爲眞」是自我駁斥、矛盾的命題，相對主義者嘗試將潛伏的「絕對」色彩去掉，相對主義的自我矛盾就不是那麼明顯，比如說，把「一切」改掉，或者將「眞」定義爲「相對地眞」，亦即只要對相對主義自己有效即可。

（二）費氏的批評

　　上述的相對主義者，其特徵在於，他們

認為其有「論證」可以「證明」：「你所說的，或者針對所言給出的理由，都依賴於某一文化脈絡（cultural context），依賴於你所參與其中的生活方式」（TDK: 17），或者說，「一個人所說的一切，僅在一個特定系統裡為眞（valid）」（TDK: 151），也就是認為，眞是相對於系統❿的那種相對主義。我們暫且稱這一類相對主義者的想法為：「哲學相對主義」⓫。

例如，他們會認為，如果你屬於西方文明，相對於在西方文明下所發展的程序、標準，科學是眞的（true）；但是在其他文化裡，科學不僅不是眞的，還是沒有意思的（no sense）。原因不僅是因為非西方文明不瞭解科學；更主要的是，作為有意思、沒意思的評判標準也不同。

然而，哲學相對主義者要做這樣的論斷，完全無須去瞭解其他文化，哲學相對主義談的是一種邏輯論點⓬，僅靠推理就可得出的結論。實際上，他們可能一點都不瞭解

遠方的文化。這種相對主義還有下列的困難：

第一，預設了既定系統裡的所有元素皆不模糊、不歧義（umambiguous）（TDK: 151）。冰凍某些部分是可能的，把複雜過程的結果僵固起來，使人被囚於狹隘的、糟透的意識形態牢籠中。這樣的相對主義是對那些不喜歡變動，把一時溝通困難轉為原則上的問題，那類人想法的好描述⓭。

若果真有這樣的系統（框架），意義、真值都相對於系統（框架）而言。那我們該如何解釋文化的變動？如何看待其中的論辯呢？哲學相對主義者可能會說，論辯沒有意義；因為論證僅相對於某一系統有意義。通常是等待舊團體的凋零、死亡，而做一個替代。轉變期的論證不是論證，而僅是對話。費氏則認為，1.上述並非事實。有人歷經變遷，並且由舊到新地轉變成功；並非如上所述是，系統徹底的轉變，或是說代溝團體間完全的替代；2.假設其過程果真像改宗

（conversion）一樣，那就可以問道：人們要向何處改宗？如果另一系統早已存在，就無所謂改宗；如果另一系統沒有在那裡，那就沒有對象❹（參見 TDK: 18）。

費氏認為轉變期的論證的確有意義，但不是針對所有人；不管任何時期，沒有論證可以保證對所有人都有意義。**轉變期的論證對某些人有意義，也就是論證令人信服與否並不依賴一個硬梆梆的系統，這點顯示相對主義是錯的。**

另外，我們永遠被困在一個系統裡，直到奇蹟出現給我們另外一個系統，然後我們繼續被困在另外一個。若這是真的，不是很奇怪嗎？❺（TDK: 18-9）

第二，把人所有行為舉止，視為相對於一個系統，這「預設了人不能學習新的生活方式」（TDK: 152），如果人們能的話，一個系統是潛在的所有系統；也就是說，一個系統會不斷變動，有轉為其他系統或融合的潛力。如此，這類「相對於系統」的說明，也

許符合特定目的，但不適合作為一個對知識
的普遍特徵描述。

　　第三，不同的生活形式，放在相同的環
境裡，會有不同的命運。而某些生活形式在
其實踐者看來，表現得非常不好❶。這顯示
有一定的阻力（resistence）存於世界。不過
這個阻力也未必如一些職業實在論者假設的
那樣大，也就是說，沒有科學，非科技、而
僅有擬人的神之社會，好的生活仍是可能的
（TDK: 152-3）。

　　但我們無法發現關於阻力的律則，因為
那若做得到，則意味著我們可以預測所有未
來發展的可能結果。我們所能做的就是描述
過去、特殊情境下所曾遭遇的困難；像跟朋
友一起過活一樣，當生活變糟就試著去改變
習慣，來與世界一起生活（TDK: 153）。

　　哲學相對主義者不僅同理性主義者一
樣，強調邏輯的推理，由前面的論證策略
中，也可發現他們與其對手一樣，都重視下
列此預設：「一個原則，或一個程序，當應

用到自身便造成不合理或矛盾的情形，就應該被捨棄」（TDK: 39）。然而，費氏認為我們不一定要受此假設所羈絆。

按照此假設，古老的悖論會造成很大的困擾，例如「此處唯一的句子為假」（the only sentence in this space is false），此句為真則可推出其為假；反之，若此句為假，則可推出其為真；有人因此認為自我指涉（self-reference）應該被避免；一個句子不應該討論自身。

費氏認為之所以會有這種禁止的想法❶，是預設著，語言的所有可能句子都已被說出，並像一個抽象系統存在。自然地，對這樣的系統引進自我指涉的句子會造成困擾。然而，我們的語言並不是這類系統。句子並未已經存在，而是當我們說話時，一個一個地被說出來；言談的規則因此而被形塑。我們不僅遵循規則，而且也構造、修改規則，按照我們進行的方式❶（參見 TDK: 39-40）。

　　就如同音樂是創作的結果，而非僅止於
原則的應用；語言是言談（人類互動）的結
果，而非規則的使用。因此，不能使用所冰
凍的那一部分來評判語言。同樣的，科學也
是研究的結果，而非僅是遵循規則。也不能
用抽象知識論規則來評判科學，除非規則是
某特殊、持續變動的知識論實踐的結果。

　　讓我們回頭過來看看早先第三章所談到
的不可共量性，之所以會變成一個相對主義
的詞彙，也是因為許多捍衛者與批評者，都
以剛剛相對於框架的方式來看待、證成、批
評不可共量性，當不可共量性被邏輯化成為
一個抽象語言哲學問題，其問題就與哲學相
對主義一致❶。

　　例如相對主義者會這樣來看待不可共量
性。從康德以來有一種二分❷的習慣，即區
分1.通過感官知覺而「被給予至心靈的」
（What is given to the mind through
sensation）；2.「心靈用來組織第一項的那些
概念」。這種二分架構在康德那邊有先驗、固

定的範疇（亦即心靈有先天普遍的概念），但在認知相對主義者（cognitive relativist或者conceptual relativist）的眼裡，人類可以有很多不同組的概念、不同的認知架構，或者說概念圖式，而相對於不同的圖式可以有不同的真理、實在（realtiy）等概念，無法說哪一個才是真正、絕對的圖式。

由於要思考必須使用語言，要知識、溝通也都需要語言，所以可以很合理地採取把「相對於認知圖式」轉成「相對於語言」來看。若我們無法判斷、辨別A語言中的圖式是否不同於B語言，則採取圖式／內容二分的相對主義者是錯誤的、或者無意義的。因為如果我們不能分辨不同的椅子，就表示我們沒有椅子的概念，同樣地若我們不能分辨不同的概念圖式（語言），那這個詞也無啥用處。這就是戴維森（Donald Davidson）的論點，以下概述之。

首先，考慮是否有一個中立的基礎來比較各個概念圖式（語言），判斷是否不同，這

是不可能的，因為一個中立的上帝之眼只有
放棄語言才有可能，但是放棄了語言就等於
放棄了思考、比較、判斷的能力，因此這個
方向是幻想。

那麼，就不同的語言族群來看，不可共
量性就在於瞭解他族群有困難、語言不可翻
譯，這時我們雖可以猜測有不同的概念圖
式，但也有可能只是意見不同，而非認知圖
式不同，但是我們不知道，因為互不可譯。
簡而言之，若他族之語言可以翻成中文，可
以使用既有的認知資源，那他們與我們大概
沒有什麼不同；若不能翻譯成中文，就沒有
充足理由可以斷定兩者之認知圖式之不同，
或者相同。

以下把戴維森的文章寫成概括的命題形
式（改寫自Bearn 1989: 210）：

1. 概念圖式可用語言為單位來區別，或
　 者說圖式就是語言。

2. 兩個概念圖式相同的條件是：兩個語

言之間可互相翻譯。

3.要辨別某種東西是語言，其判準是要
　能翻譯成我們的語言。

所以4.「另外不同」的「概念圖式」需要符
　　合以下二者要求

　　（1）是個『概念圖式』，因爲1，所以
　　　　是一種語言，又因爲3，所以要能
　　　　翻譯成我們的語言。

　　（2）「不同於我們的另外一個」圖式，
　　　　因爲2，所以不能翻譯成我們的語
　　　　言。

所以5.「另外一個不同的概念圖式」這個觀
　　念本身就自我矛盾。

又 6.如果概念圖式之「不同」沒什麼道
　　理，則概念圖式之「相同」也是沒意
　　思的。

所以7.這個概念圖式的想法、觀念是不智
　　的、不合理的、無用的。

　　這個批評顯示的是，當不可共量性被當

成哲學相對主義，就會變成困難重重的哲學論題。這大概也是爲什麼哲學相對主義與絕對主義（普遍、客觀、基礎）能成爲相互對抗、非黑即白的競爭者，因爲他們都認爲，如果他們之間的辯論有意義，那他們勢必有共同點，不能雞同鴨講。例如剛剛的討論，預設了圖式／內容的二分，這個架構便是某些絕對主義者與相對主義的共同基礎，堅持這架構的相對主義者同樣預設了此架構之普遍性。又如前所述，哲學相對主義與絕對主義同樣重視邏輯，以及反身性的原則（原則應用到自身會產生不合理或矛盾，則應被捨棄）。最後，哲學相對主義者與絕對主義者一樣，以爲存在著獨立於人之外、客觀的論證形式，企圖用論證來確立、證成某種一勞永逸、千秋百世的大業。想要證成一句千古不朽的命題或至少證成相對主義，這些人就像愛因斯坦的相對論一樣，在不同的座標系中作換算（溝通、翻譯），需要一個固定的、普遍的、絕對的光速。

所以費氏會說：「相對主義和唱反調的孿生兄弟絕對主義一樣地屬於幻覺。」㉑（1991b: 515; AM3: 268; AM3': 317）

另外，如同前面談過的批評，那種把文化視為封閉的實體、定義清楚的系統，或者會因而進一步傾向於認為這個系統──傳統──有其固有價值，所以不能侵犯其領域，不能破壞之。這類想法不僅忽略了傳統的變化、互動；傳統體現於成員的實踐，參與者有可能想要保存傳統，也可能想要改變傳統，或者有可能想要與其他文化交流，其中有許多非預期的變化。如何在這其中取捨、進退，並沒有事先的標準、方法，就好像進入一個新領域，沒有事先的完善工具，如同科學家以一種機會主義的方式來行事。所以費氏進一步說：「客觀主義與相對主義不僅是站不住腳的哲學，也是豐碩文化協作的極糟指引。」（KT：152）

然而，相對主義仍有可取之處，在談論知識、實在方面，相對主義同意1.構成某特

定時期的（科學）知識的理論、事實、程
序，是特殊的（specific）、高度獨特歷史性
發展之結果（1989a: 393）；然後認為2.知識
所指涉的實體、真理相對於系統、概念框架
而存在。

　　上述第二點認為知識（或真理）是相對
的概念❷（1991b: 519），其問題如前所述，
傳統並沒有定義好的邊界，僅有一些模糊與
改變的方法，可以讓其成員就像沒有界限一
樣的思考與行動：每個傳統都是潛在的所有
傳統。將存有相對化於單一的概念系統，是
封閉於其他傳統之外，用不模糊、仔細的表
達，是殘缺化真實的傳統，製造一個幻想
（1989a: 403-4）。

　　而上述第一點仍然是可以接受的，我們
可以進一步地說：投射某些實體的誘惑，在
某些環境裡會增強❸，在其他環境會減弱。
給予幸運的環境，某些實體的確會以清楚、
確定的方式呈顯。它們是主觀的，因為沒有
某些觀點之特定概念、知覺的引導，無法存

在：但它們也是客觀的，因為不是所有的思考方式都有結果，並非所有知覺都可信賴（1989a: 404）。或者說，有個「實在」刺激了許多不同取徑（1991b: 519），也可以說，有個「存有」針對不同取徑有不同的面貌，存有會與人、文化互動，就好像人與人之間的互動，而不是一個靜態的、不變的自然等待獨立於外的人、文化去探詢。簡而言之，一個未定的（indeterminate）實在，原則上不可知，但它（存有）可能反對（reject）某些取徑（TDK: 42ff.）。

　　費氏並無意提出一個新的知識理論，以供解釋人類與世界的關係，或提供一個關於任何做出發現的哲學基礎。考慮到知識的歷史性，費氏反對任何這種嘗試。我們可以描述已完成的成果（儘管描述總是不完全的），我們可以說很多有趣的故事。但，我們無法說明被選擇的途徑與世界是怎樣的關聯，無法解釋為何會成功。因為那意味著，我們知道所有可能取徑的結果，或者說在歷史走到

盡頭前，我們已知道世界的歷史（1989a：
406）。同樣地，對於傳統的互動，我們可以
在結果發生之後描述它們，但無法把它們納
入一個持久的理論結構（例如相對主義中）。
換句話說，不可能有什麼知識的理論，充其
量只能有相當不完全的、往昔知識變化方式
的歷史。

四、對自由的關注

　　費氏如此強烈地批評相對主義，我們應
該如何看待他自己的相對主義呢？在此我要
把線索拉長，從他寫作AM、SFS的年代談
起。費氏自陳，他所關心的問題是自由的問
題：「科學的自由」以及「社會的自由」。科
學的自由意味著排除方法論的干涉、排除其
他意識形態的要求；而社會的自由，則指著
社會免於受科學壓制的自由，或者非科學傳

統不受科學支配的自由。而科學，屬於民主
的一部分，自然得受民主的控制。進而，他
關心科學、西方理性主義與非西方文化、傳
統的互動關係。簡言之，他關心的議題是
「科學在社會中的角色」，亦即西方社會以及
科學可能入侵的非西方社會，如何看待、對
待科學的問題。

　　讓我們細說從頭，將這個充滿自由派精
神的大反派仔細剖解。仔細看看他七〇年代
的書，《自由社會中的科學》，正是高舉自由
的旗幟。看看裡面所強調的：科學的優勢威
脅民主、科學需要置於民主之下來監督；科
學是許多意識形態中的一種，應與國家分
離，正如宗教已與國家分離一樣；自由社會
是所有傳統在其中都有平等權利和接近權力
中心的平等機會的社會。

　　我不認為有自由主義者可以不用關心上述
之議題。一開始我也被學界為費氏扣的帽子
（相對主義、後現代先驅……）所炫惑，我開
始認真去思考他作為一個當代自由主義者的可

能性，起於閱讀他的〈如何捍衛社會對抗科學〉
（How to defend society against science），費氏自
言他的目的是「捍衛社會及其成員對抗包括科
學在內的所有意識形態」（1975b: 156），所以
科學只是小目標之一，更大的目標是針對所有
意識形態，以獲得自由。

　　科學過去曾是反對權威、迷信的先鋒，
現在卻變成新的意識形態霸權，變成它過去
所反對的事物。科學與啓蒙❷被視爲是同一
回事❷，科學曾是解放與啓蒙的工具❷，但
並不會一直是那樣的工具。「科學或任何意
識形態沒有內含任何使其本質地爲解放的事
物」，任何意識形態都可能退化，成爲愚蠢的
宗教（1975b: 156-157; 1984: 138）。所有意識
形態都有其侷限性、片面性，應該被檢視，
而非全面性地熱情擁抱、或者忠誠信奉之。

　　任何意識形態，打破了一個廣包的思想
體系（當政的思想體系），就是對「人的解放」
（liberation of man）的一種貢獻；任何意識形
態，讓人們去質疑承繼的信念就是有助於啓

蒙（an aid to enlightenment）（1975b: 157;
1984: 137）。

　　費氏講啓蒙、人的解放、自由？沒錯，
就是這樣，上面這些話多像啓蒙時代的人
㉗。所有事物都會僵化，科學、自由主義、
資本主義等意識形態都會變成霸權。而作爲
一個西方社會下的知識分子，怎能不擔心自
由社會已經被科學權威所籠罩？怎能容許科
學變成自由社會基本原則中的例外、偏差？

　　持著這樣的想法，我們可以瞭解，爲什
麼他在SFS中會從1.傳統談不上好壞，它們僅
僅是傳統；2.僅當從某個其他傳統的觀點來
看時，它們才成爲好的或壞的（SFS: 8,
27），這兩點就推出「政治相對主義」：所有
傳統都有平等的權利（SFS: 82），而等同於
他在同一本書中講的「自由社會」：所有傳
統在其中都有平等的權利（SFS: 30）。事實
上，費氏想論述的是自由的社會，他的主要
關切是自由。他之所以談相對主義，乃是基
於多元、自由社會的原則，相對主義之路尙

未封閉，理性主義不應獨大、科學也不應該
居於優位，還有許多其他選項。

　　事實上，由上述兩點推不出互相寬容對
待、「所有傳統都有平等權利」的要求㉘。
我們必須配合他心目中的自由社會，才能理
解他為何這麼說。也因此，在FTR中，他才
清楚地說明，他（作為西方社會下的一員）
的教義是針對西方自由民主社會而言，亦
即，如果你是西方自由民主社會的成員，那
就必須注意到，照社會的基本精神、原則，
所有傳統應該是平等的，而科學不應該像現
在這樣處於絕對的地位；當前實際的情況與
自由社會所珍視的精神是不一致的，這就是
費氏對其所處環境的針砭。

　　相對主義的功能在於，作為一個替代選
項而提出，也就是費氏要讓社會保持多元，
而非科學、理性獨大局面的嘗試。然而，他
也很清楚，純粹抽象思維之哲學相對主義的
困難（如上一節所述）。不過相對主義可以給
我們一些值得注意的信息，那就是傳統有其

固有價值。但是，如前所述，我們不能把傳統看成一獨立、不變的實體，不顧其成員的意見，規定不能碰觸傳統、要好好的保存之。費氏要擺脫的正是，這種從遠方用抽象的原則來規定文化、傳統。所以在此，費氏不再用先前充滿多元規範的精神，去規定一些對傳統的普遍要求；而是針對他所處的西方社會。西方自由民主社會對待其他地區的傳統、文化，不應該強迫任何原則，或者是強行灌輸某種知識，但也不是與其他地區隔絕、永不碰觸它們，這端視彼此的互動、當地人們的要求而定，之所以這樣做，是出於西方自由民主社會下固有的多樣性、寬容❷，並且體認到任何傳統都有其固有價值（讓其存活下來），而不是因為抽象推理的普遍原則：真是相對於傳統的、非實際人的普遍抽象權利等等。

由於當代處於科學獨霸的時代，所以「科學在社會中的地位」，這一議題是被當作上述較為廣泛討論（傳統間之遭逢）的一個

特殊面向。所以費氏的重心是圍繞著科學而
開展來，自由、相對主義的討論提供一個較
廣包的架構，而專注於科學的優越性則是一
個特殊卻重要的例子，兩者不僅互相支持，
乃是二合一的。

　　所以我們應當注意的是，費氏對於科學
角色的討論。由於科學已在世界上居於優
勢，所以人們也普遍相信其優勢、價值、方
法的正確；我們不能僅憑要求傳統平等的精
神，就想讓人去考慮、懷疑與重新檢視科學
的地位，甚至取消科學的優勢。在特殊的情
境下，我們需要的是能指出科學的問題、局
限，而不是僅從原則上，認為科學不應該有
特權；因為那無助於事，假使一般人認為科
學的確不同凡響，遵從科學當然是對的。

　　所以費氏要作的就是，能讓人們看出科
學的片面性，啟蒙人於科學宗教裡。所以我
們要在價值、事實、方法上來看，「科學」
與「以科學為基礎的技術」，是否真的對於其
他事業有壓倒性的優勢。也就是，1.考慮我

們想要什麼樣的生活？2.有科學的事實，證明科學有驚人的成果嗎？3.有所謂正確、豐富成果的科學方法來支持科學嗎？

　　上述第一點的答案肯定是難解的。這個社會充滿著各式各樣不同的價值，不一定就以科學為尊。例如，重視私人隱密、肉體完整性的社會，就不會贊同西方醫學那類檢視（透視）、割除的想法。或者考慮，即使科學擁有真理，是掌握、探索真理的事業，我們也可以因為其有可能妨礙了自由，或者與所珍視的其他價值有所衝突而拒斥之❸⓿，「偏好某種生活形式的決定，可以排除即使是最先進的理論思維」（1989b: 189）。更何況，科學的特殊性、優越性仍屬未定論。

　　上述第二點幾乎沒有科學研究去探討或顯示，其他傳統若有機會、資源發展，仍遠不如科學❸❶。更何況，考慮第一點，我們未必要以科學研究為尊。這裡的要點是在於指出，作出「科學的優勢」此宣稱並非科學的研究成果，這一論斷是不科學的。而穆勒的

論證更指出，多樣性能促進知識、人類福
祉、文明的進步，而非一元獨大。

　　有關上述第三點，費氏的主要著作就在
於指出，科學不是單一的事業，也沒有統一
的科學方法，方法都有其限制，方法也不能
保證一定有成果。科學的成果是一系列複雜
的歷史過程，而科學家進行研究採取的是一
種不拘泥的機會主義方式。

　　如此，一個自由社會，就得考慮科學是
否應該與國家分離❸的問題。以上，就是費
氏作爲一個自由派所重視的問題。

　　整個來說，費氏要談的就是：強調多樣
性的重要（FTR: 1），亦即延續穆勒的精神。
然而，他並沒有想要讓多元原則成爲普遍規
範。如同他在科學方法上，一開始關於多元增
生的論證「的確是爲了表明一元論的
（monistic）生活是不值得過的，它們〔那些論
證〕極力主張人們〔應〕通過其他選擇
（alternatives）的競爭來思考、感受與生活」
（SFS: 144）；後來則僅是指出「我並沒有證

明多元增生應該被使用，我僅只證明理性主義
者不能排除它〔多元增生〕」（SFS: 145）。也就
是說，從規範性的方法論轉成對科學多元現象
的描述；在政治上，從力主多元規範、所有傳
統均平等，變成強調傳統（非定義明確、不變
的）有其固有優點，而以自由、民主為基礎的
社會不應該讓科學獨大。儘管費氏心中偏好多
樣性，他不認為那是普世的原則，而僅是他主
觀的、過去經驗所得來的暫時的、粗糙指引的
價值、原則。所以，他對西方理性主義者❸做
出論證：他們不應排除多樣性、多元增生；社
會現在對待科學的方式，是與自由民主的精神
不一致的。

　　所以，費氏說：「雖然我個人贊成思
想、方法、生活形式的多元性（plurality），
但我沒有試圖通過論證來支持這一信念。我
的論證毋寧是一種否定性的論證，它們表明
理性與科學不能排除這種多元性」，而費氏
「作為一個自由派（a liberal）」，所強調的就
是，讓人們有發言權，而不要用制度上的手

段制止他們。但是費氏當然可以寫反對理性
主義、絕對主義的小冊子，嘲笑他們的奇怪
見解（參考 SFS: 148）。

　　所以費氏很明白地說，多樣性等想法是
他個人的信念（作為一個自由派的獨斷信
念）。費氏並沒有通過論證來幻想普遍承認，
一切論證僅只針對某些人（理性主義者、科
哲、科學家、喜好或活在自由社會的人們），
不能放棄多元（或者做出與該社會、團體所
持基本原則不一致的事情）。如上所見，這種
論證不是普遍的，有特定對象；事實上，所
有論證皆如此。說服的方式視對象而定。因
此，費氏不管基於自由、多樣性精神、還是
基於對價值、論證之局限的體認，都不贊成
那種抽象推理的普世原則，並且要將其推
銷、強制到世界各地，不能僅以自由之名就
可以讓帝國正當地進出世界各地。費氏認為
所謂的人均有權利、人皆平等，作為一個對
不特定人、抽象人的普遍不變定理，是空洞
的。避免殘酷、尊重對方的那些暫時憑經驗

而定的原則，是依靠著彼此的實際接觸中產
生，在與實際的人互動中產生。電影、戲
劇、音樂、小說……等都可以進一步讓我們
擁有這類的精神，體會寬容、避免殘酷的重
要。認識當事人的想法、感覺，體會到這一
點的重要；而不是幻想有獨立於人之外的權
威可以依靠，因而所有干預均師出有名，這
是把自由民主社會變成基本教義派、獨斷論
的開始。

　　如同費氏希望，科學哲學應該被消解，
存在的是一個貼近科學的科學史研究，以及
富於哲思的哲人科學家；所謂的自由社會，
不應該有高於一切的立法、規範者（不能幻
想抽象推理即可解決一切，假想非人的權威
所正當化的普遍不變原則），存在的是，決定
基本事務的公民；附帶的是，提供各項資訊
以供參考的各行各業。簡而言之，不應存在
著專家（科學事業的方法論專家、自由社會
裡的各種專家）統治。

　　但平民、老百姓有能力決定公共事務

嗎？針對這點，費氏以陪審團、法院的審理
為例來回答。法院裡的陪審團、律師不都在
決定他們原先所不熟悉的領域；何況，人們
的能力將隨著不斷使用而有可能、才可能獲
得進步❸。但費氏不否認，的確，民主也會
犯錯，畢竟有誰可能不犯錯？然而，專家也
常犯錯，並且專家局限於其專業領域，而對
其他領域幾乎一無所知；專家們的意思也常
互相不一致；專家們共同的意見，也經常出
於偏見，例如科學家對占星術一無所知，卻
極力排擠之。所以，科學事業屬於民主社會
下的一部分，理應受民主所監督。

　　費氏的許多觀點似乎最後都以民主為結
尾，儘管人民應該作主，然而費氏沒有察覺
到民主可能會破壞他心中所求的多樣性、個
體性、多元文化、自由嗎？如上所述，費氏
並不認為民主就不會犯錯，費氏也不可能不
知道所謂民主的危險❸，民主的多數統治、
暴政，或者個人自由、個體性與民主的可能
衝突。費氏作為一個反對教條的自由派，當

然也不會把民主當成萬靈丹、普世的絕對原
則，因此他自言他不是一個「民粹主義者」
（populist）（AM3: xiii）。

那麼該怎麼處理民主可能帶來的問題？
由於費氏是以一種懷疑論式指出對手之不一
致的策略，亦即如上所述，僅只指出自由民
主社會裡的不一致的問題（例如不能讓科學
獨大、專家統治），所以他並沒有理由一定要
負責解決這個問題。而且，照費氏的態度而
言，他不認為許多困難可以按照抽象推理、
論證來獲得永久解決，而是存在著各種不同
的暫時妥協。我們可以說，費氏以自由、多
樣性、民主等作為基調，但是一旦民主有可
能造成危機，例如迫害個人自由，這時可能
必須要違背某些基本原則。如同費氏所強調
的，沒有原則沒有例外❸❻，例如處在戰時的
緊急危機狀態，許多自由勢必得受到限制。
這顯示，作為一個自由派❸❼勢必免不了權
衡，在各種矛盾、危機等具體情勢之間權衡
輕重、得失，而不妄想永久的解決規則。

註釋

❶ 以下第一節敘述SFS中的相對主義。

❷ 費氏在SFS第二部分裡談到「相對主義的社會」時的段落，與第一部分的「自由社會」有所相同；也就是說，費氏將相對主義的社會與自由社會等同起來了，關於此點以及自由社會之討論，留待第四節來討論。

❸ 費氏區分了「政治相對主義」與「哲學相對主義」，後者是他所不贊成的。哲學相對主義指的是，所有的傳統、理論、觀點都是同樣真、或同樣假；或者更激進的說法是，對傳統的任何真值分配的形式都是可接受的（SFS: 83; SFS': 110）。而費氏並沒有主張：亞理斯多德與愛因斯坦一樣好，亦即哲學相對主義那一類的觀點；按照費氏的看法，可能有傳統認為兩者同為真；但也有可能有些傳統接受其中一個、反對另一個；也有可能，有傳統認為兩者皆無趣……等等，有許多可能情況。重點在於認為某件事是好的、真的，是依賴於傳統的判斷。

❹ 本節概述，FTR諸多討論相對主義的段落中，作者認為相關的部分。

❺ 與費氏所謂的機會主義是重疊的。

❻ 費氏指的是，康德所謂：人是目的而不是工具。

❼ 底下會談到傳統、權利並沒有一定內容，而是特定時

空下特定社群的決定。這裡首先要指出常被質疑的一個問題，個人有權利，傳統也有其權利，所以傳統會施加一定權力於該傳統下的個人之上，若該權力侵犯了該個人的權利，該怎麼辦？筆者認為，這些問題的大前提是，這些事務發生於自由社會之中。所以依據自由社會的原則，我們可以認為，只要該受害人求助於由自由社會基本原則所組成的政府，基本上，政府有權維護該受害者的權利，或者說到其他傳統下過活的權利。至於對待自由社會外的其他傳統，大抵同理之，然而賦予更大的斟酌與權宜，畢竟所依據的原則僅是單方面的自由社群傳統罷了。

❽ 關於傳統的範圍、定義，亦是如此；並非知識份子抽象推理的事先普遍規定。費氏對待「陳述」之意義或內容的態度，曾被Preston批評為語意的虛無主義（Preston 1995），認為費氏告訴我們「陳述沒有推論任何事物」。然而，費氏的態度應是，「陳述並非定義完好的語意實體」（1989b: 189），如同科學理論的否證內容無法事先規定完備，或者沒有科學方法，僅有待斟酌、憑經驗估略的原則。簡單來說，如同聖經歷千年的詮釋、憲法待大法官的釋憲，大概就是費氏所持的基本看法。

❾ 這裡我並未依循費氏的討論，關於費氏回應柏拉圖的詮釋版本與其批評，並捍衛普羅塔哥拉斯的版本、重新詮釋之，參見 FTR: 44ff.; 另外，這裡對柏拉圖的詮釋也是過於簡化的，這些段落只是要引出某類常見的

　相對主義論辯。柏拉圖後期，對知識所做的討論，結束時常是沒有定論的；而他是否真的反駁了普羅塔哥拉斯，抑或認為他一切所做的僅是字面攻擊（word bashing; antilogike），是二組陳述（或兩組理論）的衝突，而無關於智慧的探索（參考 1989b）。費氏討論泰阿泰德篇對此話之對話，參見 TDK: 3-45.

❿類似的詞彙有概念框架（conceptual framework）、概念圖式（conceptual scheme）、語言框架、典範、生活形式、遊戲等等，用法因人而異。費氏認為哲學相對主義者，是在某種有問題的意思下使用這些詞彙，費氏用系統來指稱之。而費氏使用生活形式、傳統、語言遊戲等詞，是在一種開放、模糊、能動的意思下使用，參見以下費氏的批評。

⓫依循著費氏在SFS中，將其所不贊同的相對主義，稱為哲學相對主義。本書無意污衊、貶損哲學，費氏的用意應只是批評某些窄化、狹隘的哲學觀點。

⓬所以相對主義者並非說「當遠方的人們遇到牛頓理論，他們說：那是沒意思的」；他們只是認為，不同文化下的思想系統不同，依照其他系統裡的標準來看，牛頓理論是沒意思的。預設：任何文化都有一個系統，並且會做出這樣的判斷。而費氏會認為，至少那應該是個經驗性的問題，有待人類學、史學等來研究。

⓭也有可能變成不喜轉變、拒絕改變、故步自封的一種藉口。

⓮這裡的意思大概是，如果一個人只能有一個框框，問
　題是他沒有另一個框框，如何來改宗？如果同時能有
　好幾個框框，那也不叫改宗。

⓯柏波爾批評所謂框架的迷思，指出不可能一直被困在
　一個框架裡，他非常樂觀的認為可以一個一個框架的
　換，儘管一次只能有一個框架（所以柏波爾仍與哲學
　相對主義相差無幾；由此也可以看出絕對主義與相對
　主義的確可以論證，有共同點）。費氏進一步的批評
　這種觀點，(1)可以轉變是沒錯（但沒柏波爾那麼樂
　觀）；(2)沒有定義清楚的框架；(3)對這種奇蹟的質
　疑。

⓰也就是說，傳統有生有滅、有興有衰；未必令人滿
　意。

⓱以下類似對靜態、共時性的結構主義的批評；費氏的
　這種批評與他批評相對主義（框架）是相似的。而結
　構、行動的二元性問題，也許就像柏林（I. Berlin）
　所言，需要新的術語。

⓲承上，感覺像維根斯坦。

⓳我們可以說，「哲學的不可共量性」同等於「哲學的
　相對主義」。

⓴有一種說法是，圖式／內容（scheme/content）的二
　分。

㉑這二種絕對的主義，創造了一種變亂、錯誤地描繪不
　可共量性作為永久阻絕溝通的框架迷思，耶和華說：
　「看那！他們成為一樣的人民，〔用的〕都是一樣的

言語，如今既作起這事來，以後他們所要作的事，就沒有不成功的了。我們下去，在那裡變亂他們的口音，使他們的語言彼此不通。」於是耶和華使他們從那裡分散在全地上，他們就停工不造那城了。因為耶和華在那裡變亂天下的言語，使眾人分散在全地上，所以那城名叫巴別（意即「變亂」）（轉引自 徐友漁 1996: 13）。

㉒費氏自言，在SFS中他常混合上述兩者，並沒有明確拒斥第2點；直到FTR中，則使用第1點，但拒斥第2點（參考 1991b: 519-20）。難怪他會說，他喜歡解構現在辯論與討論中的大觀念（KT: 178），而他本來寫作《反對方法》的動機之一，就是讓人們從哲學家令人困惑、抽象的、會窄化人們視野與生活方式的那些觀念（如真理、實在、客觀性）解放出來、獲得自由，但不幸地他也不免引進了相似的僵固（rigidity）如民主、傳統、相對真理等（KT: 179）。

㉓例如費氏以色諾芬斯（Xenophanes）嘲弄各部落形形色色的神為例，費氏認為只有在色諾芬斯想引進的實體，令其同代人印象深刻（亦即有吸引力），他的嘲弄才會有效（參見 1989a: 396-7），也就是說不是論證，而是歷史逐漸削弱了那些關於各式各樣的神的信念。簡單地說，就是當歷史情境能配合批評背後所暗藏的預設，批判、引進新的想法之作法才會有效；事物才會因此變得清晰、理所當然。費氏這類想法可追溯至他對宇宙論假設（cosmological assumption）的

探索，「一個論據僅當得到了一種適當態度的支持
時，才是有效的，當這種態度消失時，該論據便失去
了任何效力⋯⋯每一個論證都包含著必須相信的宇宙
論假設，否則該論據看起來就是不可信的。沒有純形
式的論證」（SFS': 3-4, 30-42）。

❷❹「啓蒙是人之超脫於他自己招致的未成年狀態。未成
年狀態是無他人的指導即無法使用自己的知性的那種
無能」（Kant 1988: 3）。

❷❺費氏認爲，科學與啓蒙不是同一回事，科學現在變成
壓制人們的意識形態，而啓蒙是要把人們從各種壓
制、桎梏中解放出來。這是一種擺脫的焦慮：試圖擺
脫任何可能的壓制，並且害怕停滯、穩定不前的狀
態。然而，一方面強調差異的重要（同一抹煞了特殊
性，暗藏了權力）；另一方面，差異也代表了壓制的
可能。而同一，預設了差異。

❷❻這與法蘭克福學派（Frankfurt School）的論點是相似
的，他們承繼馬克思的「異化」、韋伯的「工具理性」
等觀點，認爲資本主義、工具理性、科技曾是啓蒙的
工具，然而卻反過來成爲一種新的束縛。費氏與之不
同在於，阿多諾（T. Adorno）談的是啓蒙的自我摧
毀，而費氏並沒有批判啓蒙、或者談到啓蒙本身的辯
證之問題。但費氏也不像哈伯瑪斯（J. Habermas）力
主「啓蒙方案」，要繼續、並完成啓蒙大業，費氏僅
是對強調啓蒙、自謂解放、自由的西方社會，指出其
內在的不一致，或者依其基本精神，社會應該如何運

作。不包含這些概念的文化，或者對美好生活的想像有所不同的人，則可能毋須費心。

㉗可以認爲費氏是(1)真正的啓蒙（或者真正的自由精神？我這裡著重的是回到那個時代的精神），也可以看做(2)啓蒙回過頭來質疑啓蒙，成年啓蒙來反省年輕的啓蒙。這預示了另外一個內在衝突，(3)開始懷疑起啓蒙本身（甚至想要告別？）。

㉘並且，若存在的都是傳統（清楚的理性與混亂實踐都是傳統），那麼我們就不太能明白費氏爲何極力批評理性主義傳統。至此，我們才明白費氏主要基於自由民主社會（或者自由傳統）的想法，心中秉持多元、多樣性的精神。另一個原因是，抽象理論的傳統是未意識到其自身複雜歷史性的實踐的傳統，費氏希望指出這一點。

㉙所以當某傳統或國家，逼迫、侵略其他弱小傳統或國家時（譬如納粹屠殺猶太人），自由民主國家之所以進行干涉，乃是基於自由國家珍視個人生命、權利的傳統，而且還要基於被迫害傳統成員的請求而定。之所以持這樣的理由，可以說是自由民主傳統下的原則，而非獨立於人之外的普世客觀原則。這個例子也顯示，自由民主社會對尊重其他傳統之原則，所作的權衡，畢竟阻止納粹也是一種干涉。

㉚如同第三章第二節中，對批判理性主義的批評，可以使用倫理、政治等理由來反對之。

㉛此點乃指其他傳統與科學成果上的比較。費氏認爲科

學的優越性還有賴於另一個論據：「科學的成果是自主的，它們沒有受益於任何非科學的媒介」（SFS: 100; SFS'：136; 1975b: 162; 1984: 143），然而，就算科學受益於非科學傳統，我們仍能認為科學具有優越性，一個人可以從他人那裡受益，但其成就仍可以是最傑出的。所以我略掉了費氏這個論點，也是因為費氏後來似乎也不再提此論點。

㉜基本上，人們可以贊同自由、多元的原則，鼓勵多樣性的發展，保護少數文化，認為科學應與國家分離。然而，在特定的情勢下，這未必與「科學具有特殊地位」，或者「科學不與國家分離」的論點有所衝突。例如Munévar（1991a）論證道，對於西方自由民主社會而言，科學乃是自由社會構造的基礎，畢竟科學事業被當成自由開放討論的典型。而費氏後來也同意，西方社會已身陷於科學與技術所帶來的世界，需要依賴科技去應付科技所製造的麻煩。筆者認為，費氏所持意見乃是一種「解鈴還需繫鈴人」的看法，這點並不具說服力，解鈴未必需要繫鈴人，繫鈴者也未必會解鈴。況且，若只是繼續仰賴科技，也有可能只是如吸毒一般。其實，按照費氏其他的主張，我們也可以期待由文化交流而開創新的契機。另外，針對「科學」為自由討論的模範，我們儘管可以理解其有歷史意義，但如同費氏所指出的，科學對其他事業有成為專橫霸權之傾向。

㉝「我假定我的讀者是理性主義者，如果他們不是，他

們就沒有必要讀這本書」（SFS': 5）。

❸❹要給公民有學習的機會，民主精神才能持續；或者
說，如果人民從未有民主實踐的機會，那民主只是名
存實亡，因為人民將不具備足夠能力，這也是為什麼
學校必須有公民的養成教育。

❸❺費氏提到這種極權主義的危險之段落，可溯自 1963b:
104-5.

❸❻不僅方法論原則有例外（怎麼都行），其他如政治、
倫理等原則也都有所局限，所以費氏說：「民主相對
主義的每個原則都有例外」（PP3: 223）。

❸❼這與某些強調放諸四海皆準、毫無例外的絕對原則，
那種自由「主義」不同。

第五章
富含懷疑精神的自由派
——代結論

某些我早先的文章已闡釋了這一點，但
許久以後，我才注意到那個強調。因
此，我不僅走在其它人前面，也走在自
己的前面。（KT: 152）

抹掉了作家的署名，作家的去世就決定
了作品的真實，而這個真實卻是一個
謎。（Barthes 1997: 56）

A：你是一個無政府主義者嗎？

B：我不知道，我還沒考慮過這件事
　　情。

A：但是你曾寫過一本論無政府主義的
　　書！

B：然後呢？

A：你不想被認真地看待嗎？

B：這有什麼關係？

A：我不懂你。

B：當一齣好的戲劇上演時，觀眾認真
　　地對待演員們的行動與言詞……儘
　　管他們知道扮演清教徒的演員，在

其私生活裡是個放蕩的人，丟炸彈
的無政府主義者只是個膽小如鼠的
人……當該劇吸引了他們，他們感
到不得不去思考他們從未考慮過的
問題……

A：但是，假若該作家編了一個巧妙的
欺騙……

B：你是指什麼——欺騙？他寫了一個
戲劇，不是嗎？該戲劇有些效果，
不是嗎？它使得人們思考，不是
嗎？

（TDK: 50-1）

對費爾阿本德之思想作詮釋的主要困難
在於，他的立場似乎不斷地流動，因此很難
說費氏到底主張或堅持什麼論點。本書作者
認為，這是因為費氏採取了一種懷疑論式的
策略，並且費氏所用的主要論辯工具是歸謬
論證❶（*reductio ad absurdum*），費氏自言其
基本規則如下：

如果一個論證使用了一個前提，由此得不出作者接受了該前提，或作者聲稱有理由支持這個前提，認為該前提是可能的。他也許會否認這個前提，卻仍然使用它，因為他的對手承認它，而且接受這個前提可以導致想望的方向。如果用這個前提證明了一個規則、事實、或原則，而這個規則、事實或原則是持有該前提的那些人所激烈反對的，那麼我們就可以（在較廣泛的意義上）稱之為歸謬論證（SFS: 156; SFS': 223）。

費氏使用其對手所接受的前提，來造成對手的困難，而費氏本身並毋須認同該前提，畢竟「論證並不揭示論證者的眞實信念。論證不是表白，而是用來使對手改變主意的工具」（SFS: 156; SFS': 222）。簡而言之，費氏僅是以子之矛攻子之盾❷。之所以可以使用這一類的論證策略是因為，費氏所設定的對手是理性主義者，而通常「理性主

義者只需要論證，不需要別的」（SFS: 179; SFS′: 262）。

　　廣意的論證、論辯，或者說服，在費氏心中，其實不只包含通常所謂的理性、邏輯的論證而已，費氏會認為論辯、寫作、說服是有對象、有目標的，一個說服過程（或者影響對手主意之過程）的成功與否，同被說服者的背景也大有關係，亦即要視對象而使用適當的工具❸，而不是認為存在某種特殊的客觀論證，獨立於人的背景，而具有抽象、普適的效力。

　　由於費氏設定的主要對象是理性主義者，所以他可以採用歸謬論證，並且可以像古老的智者、懷疑論者，當獨斷論、理性主義者主張什麼，他就提出另一個相反的命題，然後展示該論題尚未一面倒地傾向理性主義者，事情的定論仍嫌太早，因而促使他們不應作獨斷的普遍宣稱。我們可以將費氏的反歸納、引進不一致的假說等等，視為這一類的反命題。所以有人會認為所謂「反對

方法」，其實是「反對既存的、被接受的意見」
❹（Newton-Smith 1981: 125）。因為費氏的
對象僅能是既存的可能獨斷教條，懷疑論的
策略僅能依附於對手所做的宣稱、斷言，以
提出懷疑、反駁。儘管費氏的反命題看起來
是另一種獨斷宣稱，似乎也只是對立面的理
性主義命題，但他明白地指出，其目的在於
讓人明瞭、體會，各種方法、規則均有其侷
限。費氏提出的並非是一個新真理、反面命
題，費氏並不擁有較新、較真的真理❺，或
者真確的歷史事實❻。

　　費氏使用了其對手所重視的論證與史
實，來動搖對手的科學哲學、盛行的科學
觀，使人們開始反省理論、事實、方法、真
理的問題。情況因此變得不那麼確定，科
學、方法論所帶來的普遍的堅定信仰，似乎
有所弱化。這種混沌不明的情勢，比如說，
費氏用一些論證、事實推論出事實依賴於理
論、「事實被理論所污染」，或者「觀察陳述
都是理論的陳述」，亦即他反對「事實相對自

主於理論」，批評了事實的客觀性等等❼；那
麼，費氏用來支持其結論的「事實」，又能倖
免於其理論的污染之外嗎❽？費氏用一些仔
細考察過的歷史「證據」來動搖一些對「事
實」、「眞理」的看法，使用理性論證來批評
關於「合理性」、「客觀性」的科學哲學❾，
費氏所提出的觀點並非新的眞理命題❿，他
的意見之價值在於對既存霸權的懷疑、批
判、指出其片面性，是一種對教條信仰的治
療藥方。

　　是故，無政府主義是「認識論與科學哲
學的靈丹妙藥」（AM3: 9; AM3': 1），而作爲
治療性的觀點，是暫時性的、試探性的，畢
竟「藥不是人們在一切時候都要吃的東西」
（SFS: 127）。費氏的懷疑論策略在於達到一
種治療、針砭的效果。在科學成爲新教條、
權威、偶像的時代，費氏努力要讓人相信，
一切的定論都嫌太早。如此我們就該問：爲
何費氏要這麼耗費心力地去懷疑、批判、反
對？我希望，我已顯示那是因爲費氏所關懷

的是，人的個體性、多樣性，只是由於知
識、科學成為真理偶像的時代，才使他成為
知識論上的詭辯者，以破除此新宗教，摘下
其光環。所以費氏的精神毋寧是人道主義
的，他將穆勒政治思想中的精神，應用到科
學領域裡❶，全面地強調多樣性、個體性與
自由。除了破除科哲的束縛，讓科學研究自
由地、多樣地進行；更重要的，在於擺脫科
學主義所帶來的社會壓制，如同穆勒反對盛
行主流意見對少數團體或文化的壓迫（多數
暴政），比起政治的壓迫，無形的社會壓力有
時危害更大。

　　作為本書的結尾，我將以費氏心中理想
的穆勒，亦即試圖對穆勒作一費爾阿本德式
的勾勒、詮釋，以呼應緒論中所作，費氏思
想的穆勒詮釋。這或可視為一詮釋的不斷循
環，對視域的提升。

　　費氏的穆勒，「總是意指《論自由》裡
的穆勒」❷（1975d: 10）。針對穆勒此書的思
想❸，柏林（Isaiah Berlin）曾正確地指出，

「穆勒所眞正要求的，似乎是爲了『意見的多
樣性』本身，而要求意見的多樣性」（Berlin
1986: 319），穆勒對多樣性與個體性的本身，
而追求多樣性與個體性的理想（Ibid.: 324）。
也就是說，作爲一個自由派的個人信念是強
調多樣性，對每個個人而言就是重視其個體
性。

　　不厭其煩地再檢視穆勒的四個論證，第
一點，認爲某些意見是絕對錯誤的、荒謬
的，因而強力禁止之，這預設了我們認定自
己意見之不可能錯誤性（infallibility）；第二
點，縱使被迫緘默的意見是一個錯誤，它也
可能，而且通常總是含有部分眞理。而且因
爲得勢的意見通常也只有部分眞理，因此需
要這些被緘默的意見來補充；第三點，即使
公認、得勢的意見就是全部的眞理，但若不
容許它遭受質疑與批評，那麼接受得勢意見
就像抱持一個偏見，並且對其理性根據缺乏
體會、領悟；第四點，承上，教條會變成僅
只是形式上宣稱的東西，因而對於品行、善

的追求有了妨礙。

強調人們免不了犯錯，也就是說，就票面價值（face value）的實用意義而言，沒有終極眞理（就算有也無法確定），其實是否認了某種眞理觀；就算眞理有可能，穆勒也強調對立意見、多元想法、討論（懷疑與批評）的重要性。簡而言之，無論眞理之有或無，多樣性、個體性的理念對穆勒而言都是重要的。然而，多樣性僅作爲自由派個人（或社群）的信念、偏好、信仰、價值，並作爲一個主要基調，而非普遍、客觀的理論。爲什麼呢？因爲強調多樣性、寬容等主張，就是對於世界多樣性❶❹的體認，對於諸多觀點並列、對立的認識的一個結果，懷疑論、歷史考察促成了這個信念的形成，而傾向於認爲人們無法免於錯誤，要避免專斷。說服、論證並非單一、普遍的，作爲一個自由派的學者不能不認識到本身所持意見的局限性，不應將其自身信念變成一意識形態的獨斷普遍教條。所以穆勒的論證無法說服不談眞理、

知識的文化，也無法說服那些對真理來源有
不同想法的人（例如基本教義派、強調冥想
等）❺。關於知識、進步、功利、幸福等用
來說服別人支持自由、多樣性的論證，僅對
接受同樣前提、或具有相似背景的人有效
❻。也許，我們應該反過來說，那些論證僅
是多樣性在不同情境中的現身。

　　自由社會擁有的僅是一些粗略的經驗規
則，而不是理性證成的普遍、絕對原則❼。
應用時的各種詮釋、權衡是免不了的，例如
原則並非絕對的，有時必須限制自由；個人
（沒有人是孤島）與社會的分界，或者說，什
麼事屬於公共的，人們可干涉的範圍，這些
必須留待當時的情境、人們看法所決定❽。
作為一個自由派，僅能說，基本上重視自
由、個體性、多樣性，以及民主，以此為基
調。原則之內容與其應用取決於民主的決
定，然而，當民主戕害了自由，這時他可能
會站出來批判民主；另一方面，堅持民主，
而反對專家、抽象原則對人民的宰制；在社

會安全的顧慮下，有可能提出對自由的限
制；言論自由是當然的，但是當專家、科學
籠罩了所有論壇，世界傾向一元化，轉而力
倡民主必須監督科學，人們可以想辦法來限
制言論、研究自由。人皆生而平等、自由，
然而這並非絕對原則，否則也將變成不尊重
其它傳統，以真理之名強行干涉之的某種帝
國主義。對於身處西方自由社群傳統下的人
們，對其所信仰自由民主精神最終將寰宇一
致的希冀，只能靠著個人與個人、文化與文
化遭逢、交流的歷史經驗、體會，或者藉著
文學、藝術、電影等的經驗來達成可能的普
同。

　　希望我已描繪出一個反獨斷教條、強調
懷疑，以多樣性為信念、基調的自由派之初
步想像❶，擺脫可能的壓制，排斥獨尊的一
元權威，追求差異的心態❷。自由社會的基
本價值、原則乃在於人們的取捨，並沒有阿
基米德的支撐論點，僅作為一種歷史試驗的
結果，並且繼續接受各種試煉。費氏並沒有

關於自由社會的基礎論證，他僅顯示對某些
人而言，這是必須的選擇；並對選擇或身處
（並堅持）自由社會的人指出其所犯的內在不
一致。費氏懷疑論策略的批評作為依賴於其
獨斷論的對手，然而，對於實際知識研究、
人們的生活，並沒有為民主社會帶來積極指
導作用，所以費氏去除科學的方法論束縛，
知識研究由科學家們自己來決定，而交由整
體民主來監督；人民必須自己監督科學，民
主必須掌控民主社會。科學並沒有保證成功
的方法，民主社會也是。費氏僅作為紐拉特
船上的一員，試圖要瞭解其處境，並邀他人
共享其經驗。

　　對於作者而言，關於費氏本身的種種思
想，這本書所談的也僅止於少部分、皮毛而
已。之外的許多問題僅能留待於未來了，比
如費氏與拉卡托斯、費氏與穆勒之比較，懷
疑論與所謂的後現代之對照，或者考察類似
費氏這種對盛行意識形態的反動（配合當前
知識、社會的不穩定、不確定），導致的不確

定、懷疑，是會造成時代的創新、探索、百
家爭鳴，還是造成人們轉而求助於宗教信
仰、或者末世紀的虛無。關於現代與後現
代，理性與非理性等等大哉問，都遠非作者
所能處理的了。

註釋

❶費氏認為這些規則由智者（sophist）所引進，而由亞理斯多德將其系統化。然而當代形式系統的歸謬論證與亞理斯多德所言，是有所差異的。亞理斯多德主要談的是，若由預設與其他前提導出不可能的（impossible）結論（是明顯的、為人所知的錯誤），則該預設為錯誤的。當代的歸謬論證則是，若由預設與其他前提，導出一自相矛盾的命題，則由此否定了該預設。簡言之，亞理斯多德並沒有將結論僅限於邏輯上的錯誤，可參見 Smith 1997: 119ff.；進一步而言，費氏的論證是很懷疑論的，關於懷疑論的論證模式，可參考 Annas & Barnes 1985.

❷承上，費氏是在非常廣泛的意思上使用「歸謬論證」一詞，有時他僅只是指出對手論點中的可能不一致。值得注意的是，這種作法並不顯示論點真正的對錯（如果有真正對錯的話），其主要作用僅在於造成對手的困難。

❸宣傳、修辭、儀式各種形式都不排斥。這也許牽涉到「修辭」與「論證」二分的類似問題，但此非本書所要處理的。這裡僅強調，「每個傳統都有獲得信徒的特殊方式，有些傳統對這些方式進行了反思，對不同的人使用不同的方式。另一些傳統想當然地認為，只

有使人們接受自己觀點的一種方式。根據所採納的傳統，這種方式看上去將是可接受的、可笑的、合理的、愚蠢的，或者將被斥責為純宣傳。對一個觀察者來說，論證是宣傳，而對另一個觀察者來說，卻是人類言論的本質」（SFS': 26）。

❹費氏自己是這麼說的，「按照當前既存之最先進的方法論而言，沒有科學方法」（1984: 10），亦即方法若是作為明確、普世的單一規則，現有的方法論都是不合格的。

❺所以費氏有時並不在意諸反命題間的張力、或不一致；更甚者，以違反不一致而自喜，並認為即使邏輯也都可進一步加以批評。

❻「科學史並非僅僅由事實和從事實引出的結論構成。它還包括思想、對事實的解釋、各種解釋相衝突而成的問題、錯誤，如此等等……科學史就像它所包含的思想〔科學〕那樣複雜、混沌、充滿錯誤和引人入勝」（AM3: 11; AM3': 2）。「科學的事實命題是有理論負載的：所涉及的理論便是觀察理論。編史學的事實命題也有理論負載：所涉及的理論是方法論的理論」；「沒有某種理論偏見的歷史是不可能的……所有這些人都有某種理論偏見」（Lakstos 1990: 186-7）。

❼請參見本書第一章。

❽本書第二章第三節的不可共量性之討論，混亂的局勢變得異常凸顯。

❾例如本書第三章對柏波爾的批評。

❿費氏無意用新的教條取代舊的，類似意見，如苑舉正
說道：「費耶若本分析的目的並不是要呈顯一個『絕
對眞實的』科學史面貌，而是要昭示所有汲汲於追求
知識的人，應當注意所有知識的形態都遠較理論所指
涉的複雜，歷史所呈現出來的各種各樣的面貌，就是
一個說明這種複雜性的實例」（苑舉正 1998: 15）。

⓫費氏認爲「穆勒沒有限制他的方法僅應用於道德與人
類主題，穆勒亦應用到科學理論」（1975d: 9）。

⓬費氏接著說，「不是《邏輯系統》裡的穆勒」。瑞斯
（Rees）因此認爲費氏持兩個穆勒的看法：「作爲科
學哲學家的穆勒」與「作爲放任自由的人道主義者之
穆勒」（Rees 1985: 115-25）。我認爲瑞斯的看法，其
問題在於認爲費氏持兩個穆勒的意見，亦即《論自由》
與《邏輯系統》不能調和。所以瑞斯論證1.穆勒自己
並沒有認爲有不一致；2.實際上，此二書也沒有不一
致。問題是，費氏也可能並非認爲其完全不一致，只
是《邏輯系統》的科學哲學是費氏所不喜歡的，或認
爲不適合於當前情勢。經由瑞斯的澄清，我們可以看
到，費氏不贊同的部分，《論自由》裡也有。亦即穆
勒可能傾向認爲數學（或包含某些科學）大概沒有爭
議、批評了，多元增生可能不是應用在這些領域，穆
勒的主要目標是倫理、宗教、政治的。而費氏正是把
《論自由》的主要精神應用到各個層面，應用到穆勒
與其他人忽視的數學、科學方面。

簡而言之，我並不認爲費氏持兩個穆勒的看法，兩者

的差別如同瑞斯也指出的，在於1.穆勒認為其教義的
主要應用範圍不在數學、科學；費氏則認為應包括全
部領域，特別是科學；2.費氏不贊同穆勒的科學哲
學，但這一點並不表示穆勒兩本書的內容無法調和。
畢竟嘗試提出一個比較的方法論，不管其如何失當
（無法避免的可錯性），並非一定會壓抑多樣性，除非
把便宜行事的原則變成教條、普世不變的原則（如柏
波爾的否證論）。而1.是否就表示穆勒的內在不一
致：可錯性沒有及於全部領域？這也未必，也可以想
成當時對某些領域的確無法提出另類思考，或者是批
評的想法。或者說，可錯性應該是針對任何領域，但
現實上未必可行。費氏提到了好幾個段落來說明穆勒
將其《論自由》的精神並不局限在道德、人類主題
上，而擴及科學方面，亦即其教義（可錯性、多元增
生、個體性）應是針對任何領域。

另外，費氏認為穆勒其實這樣反而可以擁有應付有
限、無限世界的工具，參見第三章第三節。

❸由於此書，而造成對穆勒思想詮釋之難以調和的困
難，或者二個穆勒命題的討論，請參見 Gray & Smith
(eds.) 1991. 這些爭論，大多起於功利主義與自由（權
利）二者間的問題，本書的詮釋顯示，作者傾向於視
穆勒為一完整的自由派，功利原則乃作為自由、多樣
性信念說服、應用權衡的策略。只有當自由派的主張
被視為普世、絕對的理論，將一歷史的試驗視為抽象
絕對原理，穆勒才會斷裂二分。實際上存在的自由

派，則僅有一些粗略的指引，來應付各種依賴於情境
的問題。不過，本書的看法僅止於初步提綱，對於細
節的許多困難，仍有待琢磨。

⓮不同時空裡，存在著各式各樣的殊異文化，充斥著不
同的事實、價值、風俗。過去的真理，今日有可能變
成可笑的荒謬、悲劇，提醒人們不要過於自信而專斷
（例如犯下處決蘇格拉底的錯誤）。即使同一社會也存
在著不同的價值。穆勒透過例子來介紹這些認知，而
本書第二章、第四章裡所談的費氏，亦在闡釋這一認
知。

⓯對穆勒的批評，可參見 Berlin 1986: 320-22.

⓰例如費氏對要求知識進步、增加經驗內容的人，推論
出他們不應排除多元增生原則，應支持之，參見本書
第一章。對批判理性主義者則指出，素模否證將導致
排除替代理論、多元的競爭，而使得批判不可能，參
見本書第三章。穆勒也曾提到，是多樣性帶來了西方
文明，排除多元則造成中國的停滯。所以對希冀變
化、進步、西方文明的人，可能就得贊同言論自由、
多元。

⓱曾參加一場座談會，在座教授們無一承認自己是自由
主義者，或者擁護任何主義，最後變成「不是主義
者」。然而，儘管自由、權利、民主有太多的學術性
難題，大概沒有人會不想要自由，或者甘願放棄自由
社會。甚至有人可能會堅定捍衛人民權利，但不會宣

稱其是某某主義者。

⓲很有可能導致保守、相對，甚至隨波逐流，或者成為赤裸裸的權力消長運作所決定。當前認為純屬個人的事，在某些時候可能變成公共的議題，因而社會認為要加以干涉，孰是孰非，沒有任何保證。

⓳若定位（position）指著某些回應事情的方式，或有一些粗略的態度，則可以說費氏是有其位置的；但若指著某些普遍原則、穩定的內容或意義，這種定位，費氏是沒有的（參見 TDK: 149）。

⓴某種對一元獨尊的不信任、疑懼，認為那是僵化教條，是對思想、個性的壓制。在知識上，則呈現為對最終單一真理的懷疑，強調論點的片面性。

參考書目

（一）費爾阿本德之著述

1955　　"Wittgenstein's *Philosophical Investigations*", 收於PP2.

1958　　"An Attempt at a Realistic Interpretation of Experience", 收於PP1.

1960　　" On the Interpretation of Scientific Theories", 收於PP1.

1961　　"Knowledge Without Foundations", 收於 PP3.

1962a　　"Explanation, Reduction, and Empiricism", 收於PP1.

1962b　　"Problems of Microphysics", in R. G. Colodny (ed.) *Frontier of Science and Philosophy*, NJ: Prentice-Hall.

1963a　　"Materialism and the Mind-Body Problem", 收於PP1.

1963b   "How to Be a Good Empiricist-A Plea for Tolerance in Matters Epistemological", 收於 B. A. Brody & R. E. Grady (eds.) 1989.

1964   "A Note on the Problem of Induction", 收於 PP1.

1965a   "Problems of Empircism", in R. G. Colodny (ed.) *Beyond the Edge of Certanity*, University of Pittsburgh Studies in the Philosophy of Science, NJ: Prentice-Hall.

1965b   "On the 'Meaning' of Scientific Terms", 收於PP1.

1965c   "Reply to Criticism", 收於PP1.

1966   "The Structure of Science", 收於PP2.

1969a   "Science without Experience", 收於PP1.

1969b   " Linguistic Arguments and Scientific Method", 收於PP1.

1970a   "Consolations for the Specialist", in Lakatos & Musgrave (ed.) 1970.

1970b   "Problems of Empiricism, Part II", in R. G. Colodny (ed.) *The Nature and Function of Scientific Theories*, University of Pittsburgh Press .

1970c　　"Classical Empiricism"，收於 PP2.

1975a　　*Against Method*, London: Verso, 1st ed., Verso
　　　　　版1978，〔簡稱AM1〕；3rd ed. 1993〔簡稱
　　　　　AM3〕；中文版 1996，《反對方法》，周昌
　　　　　忠譯，台北：時報，〔簡稱AM3'〕。

1975b　　"How to defend Society against Science"，
　　　　　Radical Philosophy, no.11, 收於Hacking (ed.)
　　　　　1981.

1975c　　"Popper's *Objective Knowledge*"，收於PP2.

1975d　　"Imre Lakatos"，*British Journal for the
　　　　　Philosophy of Science*, 26.

1978　　*Science in a Free Society*, London: Verso,
　　　　　〔簡稱SFS〕；中文版 1990，《自由社會中
　　　　　的科學》，結構群編譯，台北：結構群，
　　　　　〔簡稱SFS'〕。

1981a　　*Realsim, Rationalism and Scientific Method,
　　　　　Philosophical Papers v.1*, Cambridege:
　　　　　Cambridge University Press.〔簡稱PP1〕

1981b　　*Problems of Empiricism, Philosophical Papers
　　　　　v.2*, Cambridege: Cambridge University Press.
　　　　　〔簡稱PP2〕

1981c　　"More Clothes from the Emperor's Bargain

　　　　　Basement: A Review of Laudan's Progress and its Problems", 收於PP2.

1984　　 "Philosophy of Science 2001", in R. Cohen and M. Wartofsky (eds.) *Methodology, Metaphysics and the History of Science*, Dordrecht: D. Reidel.

1987　　 *Farewell to Reason*, London: Verso. 〔簡稱 FTR〕

1989a　 " Realism and the Historicity of Knowledge", *The Journal of Philosophy*, Vol.LXXXVI, No.8.

1989b　 "Antilogike", in Fred D'Agostino & I. C. Jarvie (eds.) *Freedom and Rationality: Essays in Honor of John Watkins*, Kluwer Academic Publishers.

1991a　 *Three Dialogues on Knowledge*, Oxford: Basil Blackwell. 〔簡稱TDK〕

1991b　 "Concluding Unphilosophical Conversation", in Munévar (ed.) 1991.

1995　　 *Killing Time: The Autobiography of Paul Feyerabend*, Chicago: University of Chicago Press. 〔簡稱KT〕

1999　　*Knowledge, Science and Relativism,*
Philosophical Papers vol.3, John Preston (ed.
& intro.), Cambridge: Cambridge University
Press.〔簡稱PP3〕

（二）其它參考書目

方萬全

1989　　〈翻譯、詮釋、與不可共量性〉，載於 《分
析哲學與科學哲學論文集》，《新亞學術集
刊》第9期，香港：中文大學新亞書院。

李醒民

1995　　《馬赫》，台北：東大。

苗力田主編

1996　　《古希臘哲學》，北京：中國人民大學出版
社。

林正弘

1988　　《伽利略、波柏、科學說明》，台北：東
大。

1991　　《邏輯》，台北：三民。

1995　　〈卡爾‧波柏否證論之困境〉，載於何志青
等編《第四屆美國文學與思想研討會論文
選集：哲學篇》，中研院歐美所。

似同俊

1995　　《費若本的科學合理性問題對中醫傳統的
　　　　啓發》，中央哲研所碩士論文。

洪鎌德

1976　　《思想及方法》，台北：牧童。

1997　　《人文思想與現代社會》，台北：揚智。

1998　　《從韋伯看馬克思》，台北：揚智。

苑舉正

1996　　〈明末清初中西天文學的不可共量性〉，
　　　　《第四屆科學史研討會彙刊》，南港，中央
　　　　研究院科學史委員會。

1997a　〈文化之間的不可共量性〉，《第一屆比較
　　　　哲學研討會論文集》，嘉義：南華管理學院
　　　　哲學研究所。

1997b　〈邏輯實證論中的實在論發展〉，《台灣哲
　　　　學會八十六年度學術研討會》，台北：中央
　　　　研究院歐美研究所。

1998　　〈費耶若本的人道主義〉，《哲學與人文精
　　　　神學術研討會》，台北：東吳大學。

徐友漁等著

1996　　《語言與哲學》，北京：三聯書店。

莊文瑞

1991　《科學理論變遷的合理性》，台大哲研所博
　　　　士論文。

陳波

1994　《蒯因》，台北：東大。

陳素秋

1999　《變奏的自我顯影──論消費社會中自由之
　　　　證成》，台大社研所碩士論文。

張巨青、吳寅華

1994　《邏輯與歷史──現代科學方法論的嬗
　　　　變》，台北：淑馨。

舒煒光、邱仁宗 主編

1987　《當代西方科學哲學述評》，北京：人民出
　　　　版社。

楊士毅

1995　〈由孔恩「典範論」與費爾本「任何皆可
　　　　行」論算命〉，《世界新聞傳播學院人文學
　　　　報》，第3期。

傅大為

1990　〈挑戰科學理性權威──科學哲學的無政府
　　　　主義者：保羅‧費若本〉，《知識與權力的
　　　　空間》，台北：桂冠。

1998　〈「兩種文化」的迷惑與終結──從Science

Studies觀點看「索可事件」與科學戰爭〉，
《當代》，第126期。

羅青等著

1988　　《達達與現代藝術》，《美術論叢》第10
　　　　期，台北市立美術館。

葉闖

1997　　〈「自由」本身論證自由社會〉，《哲學與
　　　　文化》，24：4。

蕭高彥、蘇文流 主編

1998　　《多元主義》，中研院中山人文社會科學研
　　　　究所。

盧傑雄

1998　　〈相對主義——教我如何對待它？〉，《哲
　　　　學雜誌》24期，台北：業強出版社。

Achinstein, Peter

1964　　"On the Meaning of Scientific Terms",
　　　　Journal of Philosophy, vol.61.

Alford, C. Fred

1985　　"Yates on Feyerabend's Democratic
　　　　Relativism", *Inquiry*, 28.

Annas, Julia and Jonathan Barnes

1985　　*The Modes of Scepticsim: Ancient Texts and*

Modern Interpretations, Cambridege
University Press.

Barry, Smart

1997   《後現代性》,李衣雲等譯,台北:巨流。

Barthes, Roland

1997   《批評與真實》,溫晉儀譯,台北:桂冠。

Bearn, G. C.

1989   "The Horizon of Reason", in M. Krausz
(ed.) 1989.

Berlin, Isaiah

1986   《自由四論》,陳曉林譯,台北:聯經。

Bernstein, Richard J.

1992   《超越客觀主義與相對主義》,北京:光明
日報出版社。

Bostock, David

1988   *Plato's Theaetetus*, New York: Oxford
University Press.

Brentano, M. Von

1991   "Letter to an Anti-Liberal Liberal", in
Munévar (ed.), 1991.

Brody, Baruch A. & Richard E. Grady (eds.)

1989   *Readings in the Philosophy of Science*,

Englewood Cliffs: Prentice Hall.

Brown, I.

1977　　*Perception, Theory and Commitment*, Precedent.

Couvails, S. G.

1988　　"Feyerabend and Laymon on Brownian Motion", *Philosophy of Science*, 55.

1989　　*Feyerabend's Critique of Foundationalism*, Aldershot: Avebury Press.

1997　　*The Philosophy of Science*, London: SAGE.

Davidson, Donald

1973　　"On the Very Idea of a Conceptual Scheme", in Meiland & Krausz (eds.), 1982.

1989　　"The Myth of the Subjective", in M. Krausz (ed.).

Descartes, Rene

1996　　《方法導論・沈思錄》，錢志純、黎維東譯，台北：志文出版社。

Douglas, Mary

1982　　《原始心靈的知音：伊凡普理查》，蔣斌譯，台北：允晨。

Foucault, Michel

1991   *Remarks on Marx* (Conversations with D. Trombadori), trans. by R. J. Goldstein & J. Cascaito, Semiotext(e).

Gray, John and G. W. Smith (ed. & intro.)

1991   *J. S. Mill On Liberty in focus*, London and New York: Routledge.

Hacking, Ian

1981   Scientific Revolutions, Oxford: Oxford University Press.

1991   "Speculation, Calculation and the Creation of Phenomena", in Munévar (ed.), 1991.

1995   《科學哲學與實驗》,蕭明慧譯,台北:桂冠。

Hannay, Alastair

1991   "Free of Prejudice and Wholly Critical", in Munévar (ed.), 1991.

Harré, Rom & Michael Krausz

1996   *Varieties of Relativism*, Oxford: Blackwell.

Hempel, Carl G. & Paul Oppenheim

1948   "Studies in the Logic of Explanation", 後收於B. A. Brody & R. E. Grady (eds.), 1989.

Hookway, Christopher

1992 *Scepticism*, London & New York: Routledge.

Horkheimer, Max & Theodor Adorno

1990 《啓蒙辯證法》，洪佩郁、藺越峰譯，重慶：重慶出版社。

Horgan, John

1997 〈眞理的叛徒〉，《科學之終結》第二章，蘇采禾譯，台北：時報。

Kant, Immanuel

1988 〈康德：答何謂啓蒙〉，李明輝譯，《聯經思想集刊①：思想》，台北：聯經。

Krausz, M. (ed. & intro.)

1989 *Relativism*, Notre Dame: University of Notre Dame Press.

Kuhn, Thomas

1991 《科學革命的結構》，程樹德譯，台北：遠流。

Kurtz, Paul

1992 *The New Skepticism*, New York: Prometheus Books.

Lakstos, Imre

1970 "Falsification and the Methodology of Scientific Research Programmes", in Lakatos

& Musgrave (eds.).

1990　　《科學研究綱領方法論》，台北：結構群。

Lakstos, Imre and A. Musgrave (eds.)

1970　　*Criticism and the Growth of Knowledge*,
　　　　London: Cambridge University Press; 中文版
　　　　1994 《批判與知識的增長》，周寄中譯，台
　　　　北：桂冠。

Laymon, Ronald

1977　　"Feyerabend, Brownian Motion, and the
　　　　Hiddenness of Refuting Facts", *Philosophy of
　　　　Science*, 44.

Lin, Cheng-hung （林正弘）

1993　　"Popper's Logical Analysis of Basic
　　　　Statements", in Cheng-hung Lin & Daiwie
　　　　Fu (eds.), *Philosophy and Conceptual History
　　　　of Science in Taiwan*, Kluwer Academic
　　　　Publishers.

Lloyd, Elisabeth A.

1997　　"Feyerabend, Mill, and Pluralism",
　　　　Philosophy of Science, 64.

Lyotard, J.

1986　　*The Postmodern Condition*, Oxford:

Manchester University Press.

Maia Neto, Jose R.

1991　"Feyerabend's Scepticism", *Stud. Hist. Phil. Sci.*, vol. 22, no.4.

1993　"Feyerabend and the Authority of Science", *Stud. Hist. Phil. Sci.*, vol. 24, no.4.

MacIntyre, A.

1989　"Relativism, Power and Philosophy", in M. Krausz (ed.).

Margolis, Joseph

1989　"The Truth about Relativism", in M. Krausz (ed.).

Meiland, J. W. & M. Krausz (eds. & intro.)

1982　*Relativism*, Notre Dame: University of Notre Dame Press.

Mill, J. S.

1986　《論自由》，陳崇華譯，台北：唐山。

1991　*On Liberty and Other Essays*, John Gray (ed. & intro.) , Oxford: Oxford University Press.

Munévar, Gonzalo (ed.)

1991　*Beyond Reason*, Dordrecht: Kluwer.

1991a　"Science in Feyerabend's Free Society", in

Munévar (ed.).

Nagel, Ernest

1949   "The Meaning of Reduction in the Natural Sciences", in Philip P. Wiener (ed.) 1953 *Philosophy of Science*, New York: Charles Scribner's Sons.

1979   *The structure of science: problems in the logic of scientific explanation*, Indianapolis: Hackett, 2nd ed..

Newton-Smith, W. H.

1981   *The Rationality of Science*, London: Routledge & Kegan.

Nordmann, Alfred

1990   " Goodbye and Farewell: Siegel vs. Feyerabend", *Inquiry*, 28.

Plato

1980   《柏拉圖理想國》，侯建譯，台北：聯經。

1973   *Theaetetus*, trans. with notes by John McDowell, Oxford: Clarendon Press.

Popper, Karl

1961   "Facts, Standards, and Truth: A Further Criticism of Relativism", in Popper 1966 vol.

II.

1966 *The Open Society and Its Enemies*, vol. I, Princeton, N.J.: Princeton University Press, 5th ed..

1968 *The Logic of Scientific Discovery*, London : Hutchinson, revised edition.

1970 "Normal Science and its Dangers", in Lakatos & Musgrave (ed.).

1989 《客觀知識》，程實定譯，台北：結構群。

1992 *Unended Quest*, London: Routledge.

Preston, John

1995 "Frictionless Philosophy: Paul Feyerabend and Relativism", *History of European Ideas*, 20.

1997 *Feyerabend: Philosophy, Science and Society*, Oxford: Polity Press.

Putnam, H. W.

1981 *Reason, Truth and History*, Cambridge: Cambridge University Press.

1989 "Truth and Convention: On Davidson's Refutation of Conceptual Relativism", in Krausz (ed.) 1989.

Quine, W. V. O.

1990　《從邏輯的觀點看》，陳中人譯，台北：結
構群。

1990　*Pursuit of Truth*, Cambridge & London:
Harvard University Press.

Rees, John C.

1985　*John Stuart Mill's On Liberty*, Oxford: Oxford
University Press.

Rorty, Richard

1991　*Objectivity, Relativism, and Truth*, Cambridge:
Cambridge University Press.

1992　《後哲學文化》，黃勇編譯，上海：上海譯
文出版社。

1998　《偶然、嘲諷與團結》，徐文瑞譯，台北：
麥田。

Sankey, Howard

1994　*The Incommensurability Thesis*, Aldershot:
Avebury.

Shapere, Dudley

1966　"Meaning and Scientific Change"，收於
Hacking (ed.) 1981.

Sharratt, Michael

1996　　《伽利略》，台北：牛頓。

Siegel, Harvey

1989　　"Farewell to Feyerabend", *Inquiry*, 32.

Smith, Robin (trans. with a commentary)

1997　　*Aristotle Topics*, Oxford : Clarendon Press.

Suppe, F.

1991　　"The Observational Origins of Feyerabend's
　　　　Anarchistic Epistemology", in Munévar (ed.),
　　　　1991.

Wittgenstein, L.

1992　　《哲學探討》，范光棣、湯潮合譯，台北：
　　　　水牛。

費爾阿本德　　　　當代大師系列 21

作　　　者／胡志強
出　版　者／生智文化事業有限公司
發　行　人／林新倫
執行編輯／林淑惠
登　記　證／局版北市業字第 677 號
地　　　址／台北市新生南路三段 88 號 5 樓之 6
電　　　話／(02)2366-0309　2366-0313
傳　　　眞／(02)2366-0310
網　　　址／http://www.ycrc.com.tw
✉ E-mail／book3@ycrc.com.tw
印　　　刷／科樂印刷事業股份有限公司
法律顧問／北辰著作權事務所　蕭雄淋律師
I S B N ／957-818-401-8
初版一刷／2002 年 8 月
定　　　價／新台幣 200 元

總　經　銷／揚智文化事業股份有限公司
地　　　址／台北市新生南路三段 88 號 5 樓之 6
電　　　話／(02)2366-0309　2366-0313
傳　　　眞／(02)2366-0310

＊本書如有缺頁、破損、裝訂錯誤，請寄回更換＊

國家圖書館出版品預行編目資料

費爾阿本德 = Paul K. Feyerabend／胡志強著.
-- 初版.--臺北市：生智，2002〔民 91〕
面： 公分.--（當代大師系列；21）
參考書目：面
ISBN 957-818-401-8（平裝）

1.費爾阿本德（Feyerabend, Paul K., 1924-
1994）- 學術思想 2. 科學 - 哲學,原理

301.1   91007824

U0071922